高等院校大数据技术与应用系列教材

数据可视化基础实训教程

SHUJU KESHIHUA JICHU SHIXUN JIAOCHENG

张丹珏 ◎ 主编
顾顺德 ◎ 主审

中国铁道出版社有限公司
CHINA RAILWAY PUBLISHING HOUSE CO., LTD.

内 容 简 介

本书以循序渐进的方式，由浅入深地讲述了数据库应用基础、模拟分析、数据可视化基础和数据可视化案例等内容。每章附有实用性较强的实训案例供读者练习；还提供了知识链接和拓展训练，供读者在完成实训案例之后，进一步拓展学习成果和知识面。同时，本书在数据可视化案例中有机融入思政元素，弘扬严谨求实的科学态度、不断创新的探索精神。

本书适合作为高等院校非计算机相关专业大数据可视化、数字媒体设计等课程的教材，也可供对数据分析感兴趣的读者参考。

图书在版编目（CIP）数据

数据可视化基础实训教程/张丹珏主编.—北京：中国铁道出版社有限公司，2022.3（2023.2重印）
高等院校大数据技术与应用系列教材
ISBN 978-7-113-28940-9

Ⅰ.①数… Ⅱ.①张… Ⅲ.①可视化软件-高等学校-教材 Ⅳ.①TP31

中国版本图书馆CIP数据核字(2022)第037180号

书　　名	：数据可视化基础实训教程
作　　者	：张丹珏

策　　划	：曹莉群	编辑部电话：(010) 63549508	
责任编辑	：陆慧萍　张　彤		
封面设计	：刘　颖		
责任校对	：孙　玫		
责任印制	：樊启鹏		

出版发行：中国铁道出版社有限公司（100054, 北京市西城区右安门西街8号）
网　　址：http://www.tdpress.com/51eds/

印　　刷：北京铭成印刷有限公司
版　　次：2022年3月第1版　2023年2月第2次印刷
开　　本：787 mm×1 092 mm 1/16　印张：13.75　字数：334 千
书　　号：ISBN 978-7-113-28940-9
定　　价：42.00元

版权所有　侵权必究

凡购买铁道版图书，如有印制质量问题，请与本社教材图书营销部联系调换。电话：(010) 63550836
打击盗版举报电话：(010) 63549461

前言

大数据技术经历了多年的发展,已经在金融、电信、教育、医药等领域得到了较多也较为成功的应用,而 IT 技术的高速发展使得该技术趋于大众化,使得越来越多的人能够参与其中,分享该技术带来的乐趣。

本书主要介绍了数据库应用基础、模拟分析、数据可视化基础及数据可视化案例等相关知识,在内容编排上侧重于应用,用案例将知识点进行串联,以期达到提高读者的学习兴趣、增强实践动手能力的目的。

本书作为数据分析的基础教程,对于初次接触数据分析的读者会有很大帮助,书中选用的软件都是相关工具软件,无须编程基础,使读者能够脱离枯燥的代码环境,提高学习效率。

本书由张丹珏主编,赵任颖、施庆、陈群、郑俊、唐伟宏参编。全书由顾顺德主审。具体分工如下:张丹珏编写第 1 章实训一、第 4 章,赵任颖编写第 1 章实训二至实训六和实训八,施庆编写第 1 章实训七、第 2 章、第 3 章实训六,陈群编写第 3 章实训一,郑俊编写第 3 章实训二、实训三以及实训四、五、七中的实训内容,唐伟宏编写第 3 章实训四、五、七中的拓展内容。

在本书的编写过程中,得到了许多老师的热情帮助,特别是帆软软件公司的徐帅对本书的编写提供了技术支持,中国铁道出版社有限公司对本书的出版给予了大力支持,在此表示衷心的感谢!

由于时间仓促,加之编者水平有限,书中难免存在疏漏或不足之处,恳请读者批评指正,以便本书修订和完善。

编 者

2021 年 12 月

目 录

第 1 章　数据库应用基础 1
实训一　基于 E-R 模型的数据库设计 1
实训二　数据表创建与编辑 7
实训三　表间关系建立 27
实训四　数据表维护与导出 36
实训五　单表选择查询 41
实训六　多表选择查询 60
实训七　操作查询 65
实训八　房产信息管理系统设计 72

第 2 章　模拟分析 86
实训一　单变量求解：零存整取理财计划 86
实训二　单变量模拟运算表：房贷月供计算 94
实训三　双变量模拟运算表：资产折旧计算 98
实训四　方案管理器：商品销售方案 101
实训五　综合练习：投资计算 106

第 3 章　数据可视化基础 110
实训一　软件安装 110
实训二　数据文件导入 118
实训三　仪表板和组件制作基础 122
实训四　图表制作基础 1 138
实训五　图表制作基础 2 155
实训六　公式与函数 164
实训七　图表制作进阶 172

第 4 章　数据可视化案例 197
实训一　图解党员发展 197
实训二　考试数据可视化 205

第 1 章
数据库应用基础

实训一 基于 E-R 模型的数据库设计

"旅"是旅行,外出,即为了实现某一目的而在空间上从一个地方到另一个地方的行进过程。"游"是游览、观光、娱乐等,即为达到这些目的所作的活动。"旅"和"游"二者合起来即旅游,旅游不但有"行",且包含有观光、娱乐之意。随着广大人民群众的生活水平的不断提高,大家对旅游的需求也日益增加,旅游数据也日趋庞大,本实训将根据 E-R 模型规范建立旅游数据库。

实训目的

(1) 知道数据库、数据模型、关系模型的基本概念。
(2) 了解关系模型的规范化。
(3) 掌握 E-R 模型和数据库的设计方法。

实训分析

旅游包含的数据非常多,"吃、住、行、游、购、娱"都和旅游有关,考虑到本次实训的规模,将旅游简化,只考虑游客到旅行社报名参加旅游线路这个最基本的活动。

实训内容

1. E-R 模型

根据"游客到旅行社报名参加旅游线路"这个活动,可以进行以下规划:
(1) 实体:旅行社、游客、旅游线路。
(2) 属性:旅行社(旅行社 ID、名字、电话号码、地址……)。
　　　　　游客(游客 ID、姓名、性别、身份证号、电话号码、地址……)。
　　　　　旅游线路(旅游线路 ID、标题、内容、天数、日期、价格……)。

(3)关系：旅行社开设旅游线路。
游客报名参加旅游。
根据实体和属性建立局部 E-R 模型如图 1-1 所示。

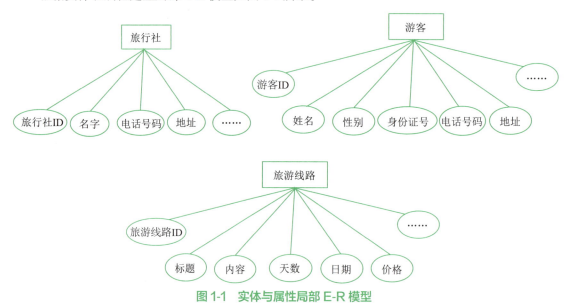

图 1-1　实体与属性局部 E-R 模型

根据实际情况，通过关系将多个实体相连，并判断关系的类别，构成局部 E-R 模型如图 1-2 所示。

（1）旅行社与旅游线路为一对多的关系。一个旅行社可以开设多条旅游线路，由于每个旅行社开设的线路在出发日期、行程安排等都会有所不同，所以，每条旅游线路只属于一个旅行社。

（2）游客与旅游线路为多对多的关系。一名游客可以报名参加多条旅游线路，一条旅游线路也可以有多名游客报名参加。

图 1-2　实体与关系

综上所述，所产生的旅游数据库的完整 E-R 模型如图 1-3 所示。

2. 关系模型

根据 E-R 模型转换原则，转换后的关系模型如下：
（1）旅行社表（<u>旅行社 ID</u>、名字、电话号码、地址……）
（2）游客表（<u>游客 ID</u>、姓名、性别、身份证号、电话号码、地址……）

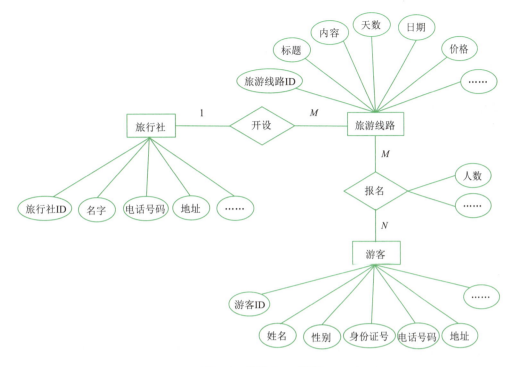

图 1-3 旅游 E-R 模型

（3）旅游线路表（<u>旅游线路 ID</u>、标题、内容、天数、出发日期、价格、旅行社 ID……）

（4）报名表（<u>游客 ID</u>、<u>旅游线路 ID</u>、人数……）

其中，下画线字段为主关键字，着重号字段为外部关键字。

知识链接

1. 基本概念

1）数据

存储在某一种媒体上的能够识别的物理符号，用来描述事物的情况，用类型和值来表述。不同的数据类型，描述的事物性质不同。例如：字符"张三"表示姓名，工资 1 000 元，数值 1 000 表示工资的多少。数据不仅包括了数字和文本形式的数据，还包括图形、图像、动画、声音等多媒体数据。

数据都是有类型的，一般来说，数值是由阿拉伯数字组成的，是可以进行加减乘除等算术运算的，而文本则不可以，但是，有些数字以文本形式存储，那么这些数字并不能进行相应的算术运算，例如，身份证号、电话号码、邮政编码等。

2）信息

经过加工处理后有用的数据称为信息。数据只有经过提炼和抽象变成有用的数据才能成为信息。信息仍以数据的形式表现。

3）数据库

数据库（DataBase，DB）可通俗地理解为存放信息的仓库。它是指按照一定的组织结构存储在计算机存储设备上的各种信息的集合，并可被各个应用程序所共享。它既反映了描述事物的数据本身，又反映了相关事物之间的联系。数据库中的数据具有较小的数据冗余（重复数据称为数据冗余），较高的数据独立性和可扩展性，并可为各种合法用户共享。

4）数据库管理系统

数据库管理系统（DataBase Management System，DBMS），是用户在计算机上建立、使用、管理和维护数据库的软件系统。数据库管理系统一般被认为是计算机系统软件。

5）数据库应用系统

数据库应用系统（DataBase Application System，DBAS）是用户为了解决某一类信息处理的实际问题而利用数据库开发的软件系统。例如：用 Access 开发的教学管理系统、财务管理系统、销售管理系统等。

6）数据库管理员

数据库管理员（DataBase Administrator，DBA）是对数据库全面负责，具有高超技术水平的系统工作人员，负责数据库的建立、使用和维护的专门人员。

7）数据模型

数据模型是用来抽象地表示和处理现实世界中的数据和信息的工具，是现实世界与数字世界交流的桥梁。数据模型应满足三个方面的要求，一是能够比较真实地模拟现实世界，二是容易被人理解，三是便于在计算机系统中实现。理论上，数据模型分为"层次模型""网状模型"和"关系模型"。

8）实体关系模型

实体关系模型又称 E-R 模型，它是描述概念世界、建立概念模型的实用工具。E-R 模型包括以下三个要素。

（1）实体：客观存在并且可以相互区别的事物，用矩形框表示，框内标注实体名称。

（2）属性：描述实体的特征，用椭圆形表示，并用连线与实体连接起来。

（3）实体之间的关系：反映现实世界事物之间的相互关系，用菱形框表示，框内标注关系名称，用连线将菱形框分别与有关实体相连，并在连线上注明关系类型。实体之间的关系主要有一对一关系、一对多关系和多对多关系三种类型。

9）关系数据库

关系数据库是基于关系模型建立的数据库。关系数据库建立在严格的数学理论基础上，数据结构简单、清晰，易于操作和管理。在关系数据库中，数据被分散到不同的数据表中，尽量避免数据冗余。它既解决了层次模型数据库横向关联不足的缺点，又避免了网状数据库关联过于复杂的问题，是目前应用最广泛、发展最迅速的数据库。

10）关系术语

关系：一个关系就是一张二维表，对应数据库中的表对象，关系的名称就是表的名称。

属性：表的每一列为一个属性（也称为字段），每一列的列名就是属性名，如学生表中的学号、姓名、性别等字段。

元组：表的每一行为一个元组（也称为记录），它是一组字段值的集合。

域：属性的取值范围称为域，如学生表的性别属性的取值范围是"男"或"女"。

关系模式：关系名及关系中的属性集合构成关系模式，一个关系模式对应一个关系的结构。关系模式的格式为：关系名（属性名1，属性名2，属性名3，…，属性名n），如学生表的关系模式为：学生（学号，姓名，性别，民族，出生日期，籍贯，系号，照片）。

候选关键字：在一个表中能唯一标识一条记录的字段或字段的组合。一个表中可以有多个候选关键字，如学生表中的"学号"和"姓名+出生日期"等都可以作为候选关键字。

主关键字：又称主键，是从一个表中可能存在的多个候选关键字里选择出来的一个最主要的关键字，如学生表中的"学号"可作为主关键字，它能唯一标识表中的每一条记录，即表中不能有两个相同的学号出现。

外部关键字：又称外键，用来与另一个表进行连接的字段，是在一个表中的一个字段或一组字段与某些其他表中的一个字段或一组字段的对应关系。外键所涉及的两个表称为外键表和主键表，外键表也称为外键约束，因为它约束表记录，用于确保添加到外键表中的任意记录在主键表中都有对应的记录，如选课表中出现的"学号"必须是学生表中有的学号。

2. 关系规范化

规范化的基本思想是消除关系模式中的数据冗余，避免数据插入、更新、删除时发生异常现象。关系规范化就是对数据库中的关系模式进行分解，将不同的数据分散到不同的关系中，使得每个关系的任务单纯而明确，达到概念的单一化。因此就要求关系数据库设计出来的关系模式要满足规范的模式，即"范式"。范式其实就是约束条件。

满足一定条件的关系模式称为范式（Normal Form，NF）。根据满足规范条件的不同，可分为第一范式（1NF）、第二范式（2NF）、第三范式（3NF）、BC范式（BCNF）等，范式的级别越高，满足的要求越高，规范化程度也越高。

第一范式（1NF）：若关系模式中每一个属性都是不可再分的基本数据项，则称这个关系属于第一范式。在任何一个关系数据库中，第一范式是对关系模式的基本要求，不满足第一范式的数据库就不是关系数据库。

第二范式（2NF）：如果关系模式属于第一范式，并且每个非主属性都完全依赖于任意一个候选关键字，则称这个关系属于第二范式。第二范式要求数据库表中的每个记录或行必须可以被唯一地区分。

第三范式（3NF）：如果关系模式属于第二范式，且表中不包含在其他表中已包含的非主关键字信息，则称这个关系属于第三范式。

BC范式（BCNF）：如果关系模式属于第三范式，并且所有属性（包括主属性和非主属性）都不传递依赖于关系模式的任何候选关键字，则称这个关系属于BC范式。

3. 数据库的设计方法

数据库设计是指对于一个给定的应用环境，构造出最优的关系模式，建立数据库，使之能够有效地存储数据，满足各种用户的应用需求。数据库设计的好坏，对于一个数据库应用系统的效率、性能及功能等起着至关重要的作用。

根据规范化理论，数据库设计的步骤可以分为以下四个阶段。

（1）需求分析阶段：设计数据库首先必须准确了解与分析用户的需求，由此可以明确数据库中需要存储什么样的数据，用户需要完成什么处理功能。

（2）概念结构设计阶段：主要是对用户需求进行综合、归纳和抽象，形成概念模型，即对数据进行抽象，确定实体、实体的属性以及实体之间的关系，并用 E-R 模型表示出来。

（3）逻辑结构设计阶段：主要是考虑实现数据库管理系统所支持的数据模型的类型。目前广泛使用的数据库管理系统是基于关系模型的，所以逻辑结构设计阶段的任务就是把概念结构设计阶段所得到的 E-R 模型转换为关系模型，并用关系规范理论对关系模型进行优化。

（4）物理设计阶段：主要是设计数据库存储结构和物理实现方法，即通过数据库开发工具，建立数据库文件及其所包含的数据表，建立数据关联，以及进行相应的测试工作。

4. E-R 模型转换为关系模型的基本原则

1）实体的转换

把每一个实体型转换为一个关系模式，实体的属性就是关系的属性，实体的关键字就是关系的关键字。

2）关系的转换

一对一关系和一对多关系可以不产生新的关系模式，而是将一方实体的关键字加入多方实体对应的关系模式中，关系的属性也一并加入。

多对多关系要变成两个一对多的关系，即产生一个新的关系模式，该关系模式由关系所涉及的实体的关键字加上关系的属性组成。

拓展训练

1. 基于 E-R 模型的旅游数据库设计

在以上实训中增加住宿信息，涉及旅店名称、地址、电话号码、客房号、房型、面积、人数等信息。根据需要设计该数据库中包含的关系模型。

2. 基于 E-R 模型的学生选课数据库设计

学生选课涉及学号、学生姓名、年龄、性别、成绩、课程、课程学分、专业、专业电话等信息，该数据库需要满足以下应用需求：

（1）查询学生的基本信息。

（2）查询学生选了哪些课程以及相应的成绩。

（3）查询课程的基本信息。

（4）查询开课专业的信息。

根据需要设计该数据库中包含的数据模型。

实训二　数据表创建与编辑

表作为数据库中最基本的组成单元,以行和列来存储数据库中的各种数据,是数据库系统设计中最重要的一项内容。表的合理性和完整性是一个数据库是否成功的关键,表中各个字段设计得合适与否,对于以后表的维护以及查询、窗体和报表等数据库对象有着直接的影响。

一个良好的数据表设计应该具备以下几点:

(1)每一个表围绕一个主题信息。

(2)每一个表中不能有相同的字段名,即不能出现相同的列。

(3)每一个表中不能有重复的记录,即不能出现相同的行。

(4)表中同一列的数据类型必须相同。

(5)每一个表中记录和字段的顺序可以任意交换,不影响实际存储的数据。

(6)表中每一个字段必须是不可再分的数据单元,即一个字段不能再分成两个字段,例如,学号姓名通常分为"学号"和"姓名"字段。

实训目的

(1)知道数据表的基本概念、数据表设计的基本原则。

(2)了解数据表的组成、数据表视图与设计视图的作用与区别。

(3)掌握使用"设计视图"创建新表、设置数据类型、设置主键与字段属性以及输入与编辑记录。

实训分析

一个 Access 数据库当中至少应包含一个及以上的表。如图 1-4 所示,Access 以二维表的形式来定义数据库表的数据结构。

编号	最高储备	最低储备
101001	3000	600
101002	60000	600
101003	60000	600
101004	40000	400
101005	40000	400
201001	10000	100
201002	10000	100
201003	10000	100
201004	60000	600
201005	40000	400
201006	40000	400
201007	10000	100
201008	10000	100
301001	10000	100
301002	10000	100
301003	10000	100
301004	10000	100
301005	60000	600
301006	40000	400
301007	40000	400

图 1-4　数据表的结构、字段和记录

在 Access 中，表的每一列称为一个字段（属性），除标题行外的每一行称为一条记录。每一列的标题称为该字段的字段名称，列标题下的数据称为字段值，同一列只能存放类型相同的数据。所有的字段名构成表的标题行（表头），标题行又称表的结构。一个表就是由表结构和记录两部分组成的。

创建表必须先定义表结构，即确定表中所拥有的字段以及各字段的字段名称、数据类型、字段大小、主键和其他字段属性。

本实训以学生表为例，介绍数据表的创建过程与编辑方式。

实训内容

1. 创建学生表

打开 samp1.accdb 数据库文件，创建 student 表，表的结构见表 1-1，并将"性别"字段值的输入设置为"男""女"列表选择。

表 1-1 student 表的结构

字段名称	数据类型	字段名称	数据类型
学号	短文本	电话号码	短文本
姓名	短文本	党员否	是/否
性别	短文本	照片	OLE 对象
年龄	数字	简历	长文本
出生日期	日期/时间		

操作步骤

01 使用"设计视图"创建表。打开 samp1.accdb 数据库文件，单击"创建"选项卡"表格"组中的"表设计"按钮，在打开的设计视图中进行设置。

02 设计表结构。在"字段名称"列中输入"学号"，在"数据类型"的下拉菜单中选择"短文本"菜单项，完成"学号"字段的添加操作。若不设置字段的数据类型，则默认为"短文本"类型。

03 使用同样的方法，在"字段名称"列中输入其余的字段名称，选择相应的数据类型，如图 1-5 所示。Access 常见的数据类型可参见本实训知识链接 3。

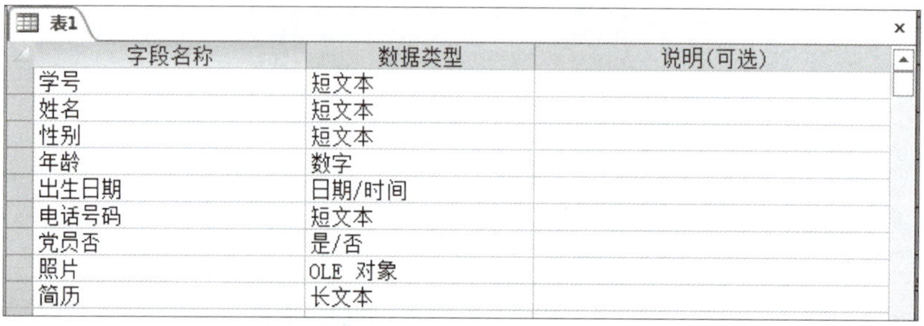

图 1-5 student 表设置

04 使用查阅向导为"性别"字段创建查阅列表。在"性别"字段的"数据类型"下拉菜单中选择"查阅向导"菜单项,然后,在弹出的对话框内选中"自行键入所需的值"单选按钮,单击"下一步"按钮后,输入"男""女",如图1-6所示,单击"完成"按钮。

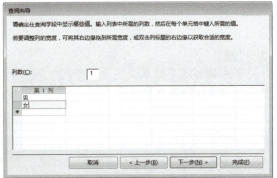

图1-6　设置查阅列表

05 保存数据表。单击快速工具栏上的"保存"按钮或按【Ctrl+S】组合键进行保存,并在弹出的"另存为"对话框中输入表的名称student,如图1-7所示。这样student表就能成功创建在samp1.accdb数据库文件中。

图1-7　保存表

2. 定义主键

根据student表的结构,判断并定义主键。

观察student表的结构不难发现,"学号"字段是该表中唯一能标识一条记录的字段,所以,可以将"学号"字段定义为主键。

操作步骤

01 设置主键。在设计视图中,右击"学号"字段,在弹出的快捷菜单中选择"主键"菜单命令,如图1-8所示,即可将"学号"字段设置为"主键";或选中"学号"字段后,单击"表格工具-设计"选项卡"工具"组中的"主键"按钮定义主键,如图1-9所示。

图 1-8　在快捷菜单中定义主键

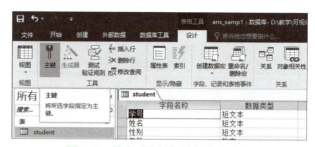

图 1-9　单击"主键"按钮定义主键

02 设置为主键的字段左侧有 图标，如图 1-10 所示。

图 1-10　主键图标

注意：

若主键为表中的多个字段，可选中第一个字段后，按住【Ctrl】键不放并选择其他字段，然后使用上述方法进行设置。

若要取消主键的设置，可再次用单击"表格工具-设计"选项卡"工具"组中的"主键"按钮取消主键的设置。

若不定义主键，则在保存表时会出现一个"尚未定义主键"提示对话框，如图 1-11 所示，可根据需要进行选择。

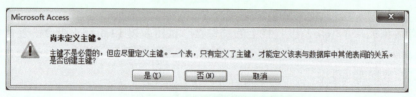

图 1-11　"尚未定义主键"提示对话框

3. 设置字段大小

设置"学号"字段的字段大小为"5"，"姓名"字段的字段大小为"4"，"性别"字段的字段大小为"2"，"电话号码"字段的字段大小为"11"，"年龄"字段的字段大小为"整型"。

操作步骤

01 设置"学号"字段的字段大小。在设计视图中，选中"学号"字段，在"字段属性"面板"常规"选项卡下的"字段大小"属性文本框中输入"5"，完成"学号"字段的字段大小设置操作，如图 1-12 所示。

02 使用同样的方法设置"姓名""性别""电话号码"字段的字段大小。

03 设置"年龄"字段的字段大小。在设计视图中，选中"年龄"字段，在"字段属性"面板"常规"选项卡下的"字段大小"属性文本框的下拉菜单中选择"整型"菜单项，完成"年龄"字段的字段大小设置操作，如图 1-13 所示。

图 1-12 "学号"字段的"字段大小"设置方法

图 1-13 "年龄"字段的"字段大小"设置方法

4. 输入与编辑记录

在该数据表中插入一条记录,学号为 F2101,姓名为胡一,性别为男,年龄为 19,出生日期为 2002/3/18,电话号码为 67369831,党员否为是,照片为"照片.png"图像文件,简历为热爱绘画和音乐。

操作步骤

01 进入数据表视图。单击"开始"选项卡"视图"组中的"视图"按钮,切换到数据表视图,如图1-14所示。或者右击表标题,在弹出的快捷菜单中选择"数据表视图"菜单命令,如图1-15所示。

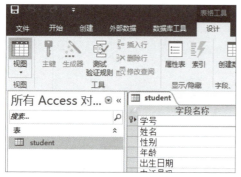

图1-14 单击"视图"按钮切换视图模式

图1-15 在快捷菜单中切换视图模式

02 输入各字段的字段值。

(1)将光标定位至第一行,在"学号"字段中输入字段值:F2101。

(2)在"姓名"字段中输入字段值:胡一。

(3)在"性别"字段的下拉菜单中选择:男。

(4)在"年龄"字段中输入字段值:19。

(5)在"出生日期"字段中输入字段值:2002/3/18。

(6)在"电话号码"字段中输入字段值:67369831。

(7)在"党员否"字段中勾选复选框,表示"党员否"字段值为:是。

(8)右击"照片"字段,在弹出的快捷菜单中选择"插入对象"菜单命令,随后在弹出的"Microsoft Access"对话框中选择"由文件创建"单选按钮,单击"浏览"按钮,选择"照片.png"图像文件,如图1-16所示,最后,单击"确定"按钮。

图1-16 添加"照片"字段值

（9）在"简历"字段中输入字段值：热爱绘画和音乐。

03 输入所有字段值后，效果如图1-17所示。此处，"照片"字段值将显示为"程序包"或"Package"，双击"程序包"或"Package"方可查看图片。

图1-17 添加记录后效果

5. 设置格式

将"出生日期"字段的格式设置为"××月××日××××"的形式。

操作步骤

01 进入设计视图。单击"开始"选项卡"视图"组中的"视图"按钮，切换到student表的设计视图。

02 设置字段格式。选中"出生日期"字段，在"字段属性"面板"常规"选项卡下的"格式"属性文本框内输入"mm月dd日yyyy"，输入完成后，Access会自动将格式转换成"mm\月dd\日yyyy"，如图1-18所示。自定义"日期/时间"格式可使用的字符可参见本实训知识链接6。

图1-18 "出生日期"字段的"格式"设置方法

03 保存设置后的数据表，切换到数据表视图。此时"出生日期"字段的字段值已发生相应改变，如图1-19所示。

图1-19 设置"格式"属性后的效果

6. 设置输入掩码

设置"电话号码"字段的输入掩码，要求前四位为"021-"，后八位为数字，并在所有字段后添加"用户密码"字段，字段类型为"短文本"，要求在该字段中输入任何字符都以星号显示。

操作步骤

01 设置"电话号码"字段的输入掩码。在设计视图中，选中"电话号码"字段，在"字段属性"面板"常规"选项卡下的"输入掩码"属性文本框中输入""021-"00000000"，如图1-20所示。其中，"021-"需要使用西文字符，因为它是直接显示的文本数据，八个"0"表示必须输入八位数字。定义输入掩码属性所使用的格式符号可参见本实训知识链接7。

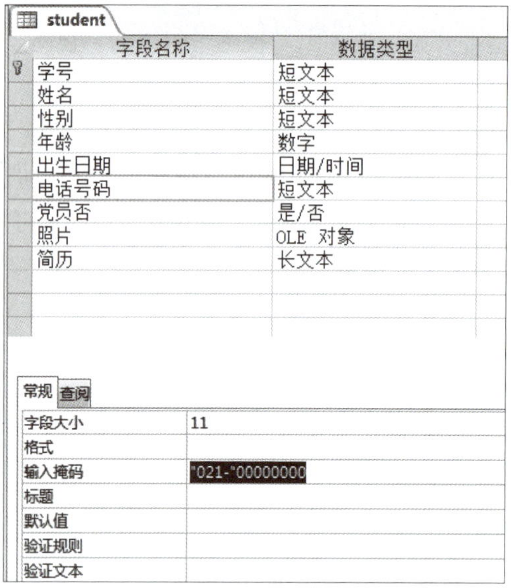

图1-20 "电话号码"字段的"输入掩码"设置方法

02 保存设置后的数据表，切换到数据表视图，在"电话号码"字段值中输入数据时可以发现，此时将按照指定的格式进行输入，如图1-21所示。

图1-21 自定义"输入掩码"属性后的效果

03 添加"用户密码"字段并设置输入掩码。切换到设计视图，在"简历"字段的下方，输入"用户密码"作为字段名称，在"数据类型"的下拉菜单中选择"短文本"菜单项。单击"字段属性"面板"常规"选项卡下的"输入掩码"右侧的按钮，在弹出的"输入掩码向导"对话框中选择"密码"预设类型，如图1-22所示，单击"下一步"按钮后，再单击"完成"按钮即可。

04 保存设置后的数据表，切换到数据表视图，在"用户密码"字段值中输入数据后可以发现，此时，在该字段中输入任何字符都以星号显示，如图1-23所示。

图1-22 选择"密码"选项

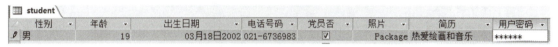

图1-23 设置"输入掩码"预设类型后的效果

7. 设置默认值

在"党员否"字段和"照片"字段之间新增"入校日期"字段,数据类型为"日期/时间",并设置"入校日期"字段的默认值为系统当前日期。

操作步骤

01 插入字段。在设计视图中,右击"照片"字段,在弹出的快捷菜单中选择"插入行"菜单命令,此时,在"党员否"和"照片"字段中插入了一个空行,如图1-24所示。

02 修改字段名称和数据类型。在新增的空行中,输入"入校日期"作为字段名称,并在"数据类型"的下拉菜单中选择"日期/时间"菜单项。

03 设置默认值。在设计视图中的"字段属性"面板"常规"选项卡下的"默认值"属性文本框中输入"date()"(大小写无关,()需要使用西文字符),如图1-25所示。常用的"日期/时间"函数可参见本实训知识链接8。

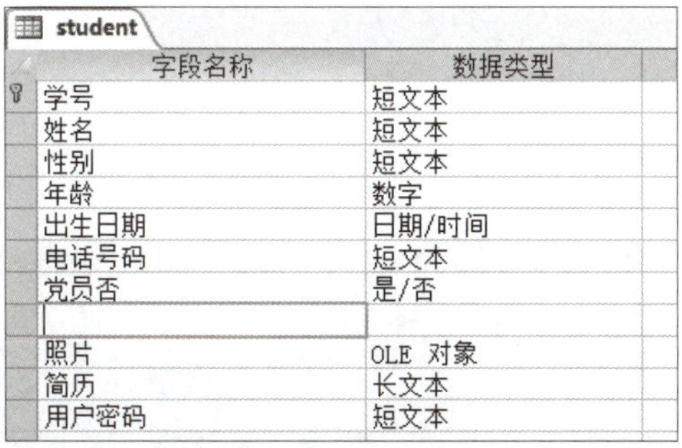

图1-24 选择"插入行"菜单命令后的效果

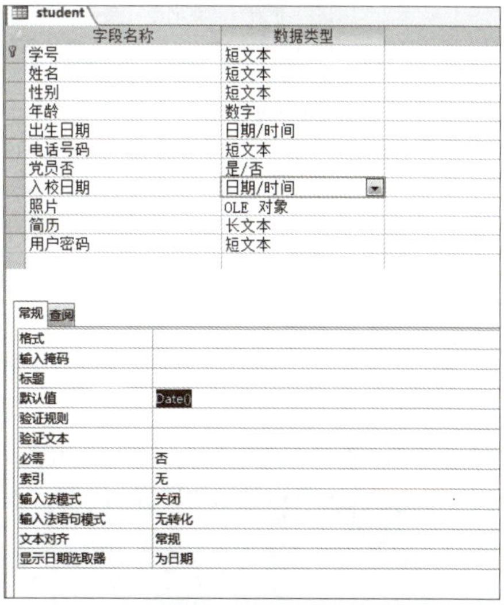

图1-25 "入校日期"字段的"默认值"设置方法

04 保存设置后的数据表，切换到数据表视图，在新记录的"入校日期"字段值中会显示当前系统日期，如图 1-26 所示。

图 1-26　设置默认值后的效果

8．设置验证规则和验证文本

设置"年龄"字段的验证规则为：大于 15 且小于 70，如果输入的数据不满足规则，则弹出警告框提示"年龄不在指定范围内，请输入大于 15 且小于 70 的数字！"。

操作步骤

01 设置验证规则。在设计视图中，选中"年龄"字段，在"字段属性"面板"常规"选项卡下的"验证规则"属性文本框中输入">15 And <70"（大小写无关，符号需要使用西文字符）或者"Between 15 And 70"（大小写无关）。

02 设置验证文本。在"验证文本"属性文本框中输入"年龄不在指定范围内，请输入大于 15 且小于 70 的数字！"，如图 1-27 所示。

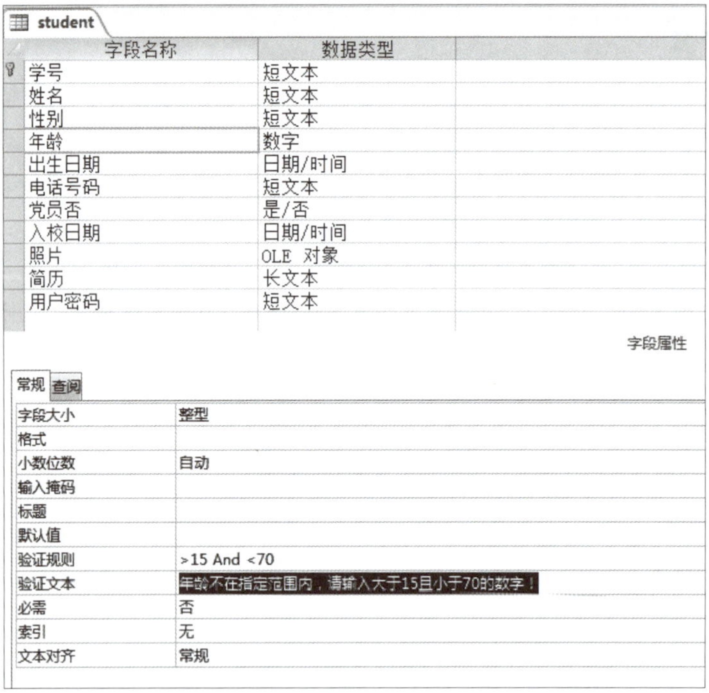

图 1-27　设置"验证规则"和"验证文本"属性

03 保存设置后的数据表，切换到数据表视图，在"年龄"字段值中输入不满足规则的数据时，会弹出警告框提示用户输入正确的数据，如图 1-28 所示。

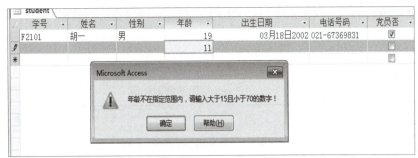

图 1-28　输入错误数据时弹出的警告框

知识链接

1. 数据表的视图

数据表有两种视图模式：数据表视图和设计视图。其中，前者是默认的视图模式，两个视图可以根据需要自由切换。

（1）数据表视图：在此视图中，用户可以查看表中所有的数据记录，也可以对记录进行添加、修改和删除等操作。

（2）设计视图：此视图不显示数据记录。通过此视图，用户可以修改字段名称、数据类型和字段属性等。

表的设计视图由两部分构成，上半部分用于设计表的各个字段名、数据类型和说明，下半部分用于设置相应字段的属性，如字段大小、标题、格式、有效性规则等内容。它包含"常规"和"查阅"选项卡。

2. 数据表的创建

Access 提供了多种创建表的方法，使用向导、使用设计器或通过输入数据都可以创建表，也可以单击数据库对话框工具栏的"新建"按钮，打开"新建表"对话框，利用其中提供的多种方法来创建表。对于初学者来说，选择使用向导的帮助可以快捷地创建所需要的表。

1）使用"数据表视图"创建表

用"数据表视图"创建表就是通过直接输入数据来创建表，Access 将根据输入的数据确定表中的数据类型。此方法适合于没有确定表的结构，但有表要存储的数据。

2）使用"设计视图"创建表

表设计视图是创建表结构以及修改表结构最方便、最有效的对话框。用 Access 提供的"设计视图"不仅可以设计一个表的结构，而且还可以对一个已有表的结构进行编辑和修改。

3. 字段名称与字段的数据类型

1）字段名称

用来标识表中的字段，每个字段应具有唯一的名字。它的命名规则是：必须以字母或汉字开头，可以由字母、汉字、数字、空格以及除句号、叹号、方括号和左单引号外的所有字符组成。字段名最长为 64 个字符。

2）字段的数据类型

决定存储在此字段中的数据的类型，字段的数据类型决定了对该字段所允许的操作，如"姓名"字段的数据值只能写入汉字或字母;"出生日期"字段的数据值只能写入日期。Access 提供的常见数据类型包括"短文本""长文本""数字""日期和时间""OLE 对象"等。每种数据类型都有其特定用途,详细信息见表 1-2。

表 1-2 Access 常见的数据类型

数据类型	说 明	存 储 大 小
短文本	存储任何可显示或打印的文本或文本和数字相结合的数据。数据一般不用于计算,如学号、姓名等	0 ~ 255 个字符
长文本	存储长度较长的文本和数字,如简历、摘要等	0 ~ 65 538 个字符
数字	存储用于计算的数值数据,具体又分为"字节""整型""长整型""单精度型""双精度型""同步复制 ID""小数",如成绩等	1、2、4、8 或者 16 B
日期和时间	存储日期和时间格式的数据,如出生日期、参加工作日期等	8 B
货币	存储货币类型的数据,货币类型默认保留 2 位小数,如工资、津贴等	8 B
自动编号	存储作为计数的主键数值,当新增一条记录时,其值自动加 1	4 B
是 / 否	又称布尔类型,存储只有两个值的逻辑型数据,如 Yes/No、True/False 或 On/Off。如合格否、婚否等	1 B
OLE 对象	OLE 对象是指使用 OLE 协议程序创建的对象,如图片、声音、Word 文档等	最大约为 1 GB(磁盘空间限制)
超链接	存储用来链接到另一个数据库、Internet 地址等信息	0 ~ 64 000 个字符
附件	该类型支持图片、文档、表格等文件附加到数据表中,比 OLE 对象字段的灵活度更高	取决于附件大小
计算	该类型支持使用表达式进行计算	取决于"结果类型"属性的数据类型
查询向导	该类型提供一个包含各字段内容的列表,用户可在列表中选择相应选项作为字段的具体内容	取决于列表中字段内容的数据类型

对于某一个数据来说,可以使用的数据类型有多种,如"学号""电话号码"这样的字段,其类型可以使用数字型也可以使用文本型,但只有一种是最合适的。选择字段的数据类型时应注意以下几个方面:

(1)字段可以使用什么类型的值。

(2)是否需要对数据进行计算以及需要进行何种计算。如文本型的数据不能进行统计运算,数字型的数据可以进行统计运算。

(3)是否需要索引字段。类型为长文本、超链接和 OLE 对象数据类型的字段不能进行索引。

(4)是否需要对字段中的值进行排序,如文本型字段中存放的数字,将按字符串性质进行排序,而不是大小排序。

(5)是否需要在查询中或报表中对记录进行分组。类型为长文本、超链接和 OLE 对象的字段不能用于分组记录。

4. 主键

主键又称主关键字，是表中唯一能标识一条记录的字段或字段的组合。指定了表的主键后，当用户输入新记录到表中时，系统将检查该字段是否有重复数据，如果有则禁止把重复数据输入到表中。同时，系统也不允许在主键字段中输入 Null 值。

定义主键的方法：一般在创建表的结构时，就需要定义主键，否则在保存操作时系统将询问是否要创建主键。如果选"是"，系统将自动创建一个"自动编号（ID）"字段作为主键。该字段在输入记录时会自动输入一个具有唯一顺序的数字。

> **注意：**
> 一个表只能定义一个主键，主键由表中的一个字段或多个字段组成。

删除主键与定义主键的方法是一致的，这里不再赘述。注意，在删除主键之前，必须确定它没有参与任何表关系。若要删除的主键与某个表建立了表关系，删除时 Access 会警告必须删除表关系。

5. 字段大小

字段大小指定存储在文本型字段中的信息的最大长度或数字型字段的取值范围。只有短文本型和数字型字段有该属性。

（1）短文本型字段的大小可以定义在 1~255 个字符之间，默认值是 50 个字符。

（2）数字型字段的大小可通过单击"字段大小"右边的按钮，打开其下拉菜单进行选择。共有字节、整型、长整型、单精度型、双精度型、同步复制 ID 和小数七种可选择的数据的种类，即七种字段大小，它们的取值范围各不相同，所用的存储空间也各不相同，见表 1-3。系统的默认值是长整型。

表 1-3 数字型字段大小的取值范围

种 类	说 明	小数位数	字段大小
字节	保存 0 ~ 255 之间的整数	无	1 B
整型	保存在 -32 768 ~ 32 767 之间的整数	无	2 B
长整型	保存在 -2147483648 ~ 2147483647 之间的整数	无	4 B
单精度型	保存从 -3.402823E38 ~ -1.401298E-45 的负值，和从 1.401298E-45 ~ 3.402823E38 的正值	7	4 B
双精度型	保存从 -1.79769313486231E308 ~ -4.94065645841247E-324 的负值，和从 4.94065645841247E-324 ~ 1.79769313486231E308 的正值	15	8 B

> **注意：**
> 如果短文本型字段中已有数据，则减少字段大小可能会丢失数据，系统会自动截去超出部分的字符。如果在数字型字段中包含小数，则将字段大小改为整形时，系统自动将小数四舍五入取整。已丢失的数据无法恢复。

6. 格式

格式属性用于定义数据的显示或打印的格式。它只改变数据的显示格式而不改变保存在数据表中的数据。用户可以使用系统的预定义格式，也可使用格式符号来设置自定义格式，例如，日期/时间型字段的格式可以用以下方式自定义格式。

系统提供了日期/时间型字段的预定义格式，如图 1-29 所示，共有七种格式，系统默认格式是"常规日期"。

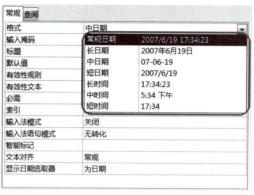

图 1-29　日期/时间型字段的预定义格式

用户也可以使用符号创建自定义格式，见表 1-4。

表 1-4　"日期/时间"格式可使用的字符

格式符号	说　　明
:	时间分隔符
/	日期分隔符
c	与常规日期的预定义格式相同
d 或 dd	月中的日期，一位或两位表示（1～31 或 01～31）
ddd	英文星期名称的前三个字母（Sun～Sat）
dddd	英文星期名称的全名（Sunday～Saturday）
ddddd	与短日期的预定义格式相同
dddddd	与长日期的预定义格式相同
w	一周中的日期（1～7）
ww	一年中的周（1～53）
m 或 mm	一年中的月份，一位或两位表示（1～12 或 01～12）
mmm	英文月份名称的前三个字母（Jan～Dec）
mmmm	英文月份名称的全名（January～December）
q	一年中的季度（1～4）
y	一年中的天数（1～366）
yy	年度的最后两位数（01～99）
yyyy	完整的年（0100～9999）
h 或 hh	小时，一位或两位表示（0～23 或 00～23）

续表

格式符号	说 明
n 或 nn	分钟，一位或两位表示（0～59 或 00～59）
s 或 ss	秒，一位或两位表示（0～59 或 00～59）
tttt	与长时间的预定义格式相同
AM/PM 或 A/P	用大写字母 AM/PM 表示上午/下午的 12 小时的时钟
am/pm 或 a/p	用小写字母 am/pm 表示上午/下午的 12 小时的时钟
AMPM	有上午/下午标志的 12 小时的时钟。标志在 Windows 区域位置的上午/下午设置中定义

自定义格式需根据 Windows "控制面板"中"区域设置属性"对话框所指定的设置来显示。自定义格式中可以添加逗号或其他分隔符，但分隔符必须用双引号括起来。

7. 输入掩码

输入掩码属性是用来设置用户输入字段数据时的格式。它和格式属性的区别是：格式属性定义数据显示的方式，而输入掩码属性定义数据的输入方式，并可对数据输入做更多的控制以确保输入正确的数据。输入掩码属性用于文本、日期/时间、数字和货币型字段。输入掩码的格式符号见表 1-5。

表 1-5 输入掩码的格式符号

格 式 符 号	说 明
0	必须输入数字（0～9，必选项），不允许用加号（+）和减号（-）
9	可以输入数字或空格（非必选项），不允许用加号（+）和减号（-）
#	可以输入数字或空格（非必选项），空白转换为空格，允许用加号（+）和减号（-）
L	必须输入字母（A～Z，必选项）
?	可以输入字母（A～Z，可选项）
A	必须输入字母或数字（必选项）
a	可以输入字母或数字（可选项）
&	必须输入任何字符或空格（必选项）
C	可以输入任何字符或空格（可选项）
<	把其后的所有英文字符变为小写
>	把其后的所有英文字符变为大写
!	使输入掩码从右到左显示，而不是从左到右显示。可以在输入掩码中任何地方包括叹号
\	使接下来的字符以原样显示
. , : ; - /	小数点占位符及千位、日期与时间分隔符。分隔符由控制面板的区域设置确定

注意：
对同一个字段，同时定义了输入掩码属性和格式属性，则在显示数据时，格式属性优先。

8. 默认值

默认值属性用于指定在输入新记录时系统自动输入到字段中默认值。默认值可以是常量、函数或表达式。类型为自动编号和 OLE 对象的字段不可设置默认值。

常用的"日期/时间"函数包括以下几种：

1）Date（）

功能：返回当前系统日期。

函数格式：Date()

2）Time（）

功能：返回当前系统时间。

函数格式：Time()

3）Year（）

功能：返回日期表达式年份的整数。

函数格式：Year（<日期表达式>）

4）Month（）

功能：返回日期表达式月份的整数（1~12）。

函数格式：Month（<日期表达式>）

5）Weekday（）

功能：返回日期表达式星期的整数（1~7）。

函数格式：Weekday（表达式1，return_type）

注：return_type 为1或省略时，1~7代表星期日~星期六

return_type 为2时，1~7代表星期一~星期日

return_type 为3时，0~6代表星期一~星期日

6）Day（）

功能：返回日期表达式日期的整数（1~31）。

函数格式：Day（<日期表达式>）

7）DateSerial（）

功能：返回指定年月日的日期。

函数格式：DateSerial（表达式1，表达式2，表达式3）

9. 验证规则和验证文本

设置字段验证规则，就是设置输入到字段中的数据的值域。设置验证文本是指定当输入了字段验证规则不允许的值时显示的出错提示信息，用户必须对字段值进行修改，直到正确时光标才能离开此字段。如果不设置验证文本，出错提示信息为系统默认显示信息。验证文本往往与验证规则配合使用。

验证规则可以直接在"验证规则"文本框中输入表达式，也可以单击其右边的按钮，打开表达式生成器来编辑生成。

表达式生成器包含表达式框、运算符按钮、表达式元素三部分。可以通过单击将表达式元素粘贴到表达式框中，并在相应位置选择各种运算符按钮插入相应的运算符以形成表达式，也可在表达式框中直接输入表达式。

10. 数据表结构的修改

当发现一个数据表不令人满意时，随时可以修改此表的结构。修改数据表的结构包括增加

新字段、删除已有字段和更改已有字段的属性等。修改数据表的结构是在数据表的设计视图中进行的。

1）修改字段名及其属性

修改数据表的字段名及其属性就是把原字段名改为指定的字段名，把原属性改为指定的属性。

操作方法：打开数据表的设计视图，选定要修改的原字段名将其改为指定的字段名，并按要求重新设置其各种属性。

2）插入字段

插入字段就是在原数据表中增加新的字段。

操作方法：打开数据表的设计视图，选定要插入字段的行，选择"插入｜行"命令，或工具栏中的"插入行"按钮，或选择快捷菜单中"插入行"菜单命令，插入新的空行并输入新的字段和设置其属性。

3）移动字段

移动字段就是在原数据表中更改列的位置次序。

操作方法：打开数据表的设计视图，将鼠标定位在需要移动的字段的行选定器位置上，使其鼠标指针改变为右箭头，单击，将该行选中。将鼠标指针移到选中的行选定器位置，使其鼠标指针为向左的箭头形状，拖动鼠标到所需位置，松开鼠标左键即可。

4）复制字段

复制字段就是将原数据表中字段复制一个新的字段。

操作方法：打开数据表的设计视图，将鼠标定位在需要复制的字段的行选定器位置上，使其鼠标指针改变为右箭头，单击，将该行选中。单击"复制"按钮，鼠标定位到要复制到的位置，单击"粘贴"按钮，即可完成字段的复制，然后可以对字段进行更改。

5）删除字段

删除字段就是把原数据表中的指定字段及其数据删除。

操作方法：打开数据表的设计视图，选定要删除的字段行，选择"编辑｜删除行"命令，或工具栏中的"删除行"按钮，或选择快捷菜单中"删除行"菜单命令即可。

11. 记录的输入与编辑

数据表的使用包括记录的增加、修改、删除、查询和表的重命名、复制、删除以及子数据表的使用、数据的导入、导出。

1）输入新记录

表结构设计好后，可以立即切换到数据表视图输入记录，也可以在空数据表或有记录的表中添加一些新记录。

> **注意：**
> 向表中输入新记录的前提是此表必须在数据表视图对话框，记录数据直接在对应的网格中输入。在输入第一个数据时，记录指针变成了一个铅笔，表示该记录正在被编辑，同时还会自动出现下一空行，且其左侧按钮上显示"*"标记，表示该行为新记录。

输入记录数据时，注意以下要点：

（1）当输入的数据未填满字段大小长度时，按【Enter】键（也可用单击下一个字段或按【Tab】或【→】键）将光标移到下一个字段。当字段大小长度被数据填满时，光标停留在该数据后边并发出一响声，提示不能继续输入数据，光标不会自动移到下一个字段。

（2）当光标在自动编号型字段上时，只需将光标移到下一个字段，系统自动为该字段输入一个数据。

（3）"日期/时间"型数据输入时，可按完整日期输入，也可按简便日期输入，系统会自动按设计表的结构时在格式属性中定义的格式来显示日期数据。如在出生日期字段中输入"2004-08-25"或"04-08-25"，该字段都会显示为"04-08-25"。如果其格式属性定义为"长日期"，则显示为"2004年8月25日"。

（4）"是/否"型数据输入时，在网格中会显示一个复选框（系统默认，也可设为文本框和组合框），选中则表示输入"是（-1）"，不选则表示输入"否（0）"。

（5）OLE对象型数据输入时，用插入对象的方式来输入声音、图形、图像等多媒体数据，并且可以以嵌入或链接的方式插入。

操作方法：将光标移到王楠的"照片"字段上时，右击，在弹出的快捷菜单中选择"插入对象"菜单命令，打开"插入对象"对话框进行插入。

（6）超链接型数据输入时，用"插入超链接"对话框来实现。

操作方法：将光标移到超链接字段上，右击，在弹出的快捷菜单中选择"编辑超链接"菜单命令，打开"插入超链接"对话框进行超链接设置。

（7）长文本型字段可输入长度不超过65 535的文本字符，如果输入少许字符，同字符型字段数据一样可直接输入。如果要输入长文本字符，可按【Shift+F2】组合键，打开"显示比例"文本编辑对话框。

在此编辑框中输入数据时，可按【Ctrl+Enter】组合键换行，通过"字体"按钮打开"字体"对话框，可设置备注字段的字体和字号等格式。按【Enter】键或单击"确定"按钮可关闭对话框。

（8）查阅向导型数据输入时，从查阅值列表中选择所需的数据即可。

2）记录的修改

在实际输入记录的数据时，可能因发生输入错误而需要修改。一次可以修改一个数据，也可以修改一批数据。

操作方法：在数据表视图中把光标移动到有错误的数据上，进行修改即可。

3）记录的删除

操作方法：先选定记录，再进行删除。

注意：
在Access中，只能选中相邻的多个记录，不能同时选中不相邻的多个记录。

拓展训练

1. 教师表与图书表的创建

（1）打开Exercise1.accdb数据库文件，建立teacher表，结构见表1-6。

表 1-6　teacher 表结构

字 段 名	数 据 类 型	字段大小	格　式
编号	短文本	5	
姓名	短文本	4	
年龄	数字	整型	
工作时间	日期/时间		短日期
在职否	是/否		
联系电话	短文本	8	

（2）根据表结构，判断并设置主键。
（3）设置"联系电话"字段的输入掩码，要求前四位为"021-"，后八位为数字。
（4）设置"在职否"字段的默认值为真值。
（5）设置"工作时间"字段的验证规则，要求只能输入上一年度5月1日（含）以前的日期（本年度年号必须用函数获取，提示：可使用 DateSerial 函数与 year 函数）。
（6）在 Exercise1.accdb 数据库文件中建立表 book，结构见表 1-7。

表 1-7　book 表结构

字 段 名	数 据 类 型	字段大小	格　式
编号	短文本	10	
书名	短文本	20	
单价	数字	单精度型（注：要求保留2位小数位数）	
库存量	数字	整型	
入库日期	日期/时间		短日期
简介	长文本		

（7）设置"入库日期"字段的验证规则为：不可为空，并且默认值为系统当前日期。
（8）设置"编号"字段的输入掩码：前面为"ISDN:"，后面为五个数字或字母。
（9）设置"入库日期"字段的格式为"××日××月××××年"的形式。
（10）在"简介"字段前添加"书本密码"字段，并设置该字段显示为星号。
（11）按原文件名保存数据库文件。

2. 医生表的编辑

（1）打开 Exercise2.accdb 数据库文件，在"tDoctor"数据表中插入一条记录，医生 ID 为：A007，姓名为：周金，性别为：女，年龄：52，职称：主任医师，专长：肺内科。
（2）在 tDoctor 表的最后增加一个字段：政治面貌，并将"政治面貌"字段值的输入设置为"党员""群众"列表选择。
（3）设置"性别"字段的默认值为"男"；年龄的验证规则为：大于27且小于65。

（4）修改"医生ID"字段的输入掩码为：第一个必须为字母，后面3位必须为数字。

（5）在"政治面貌"前增加一个字段，字段名为"入职时间"，设置"入职时间"字段的格式为"××月××日××××年"形式，验证规则为：不为空，并且默认值为系统当前日期的前一天。

（6）在"政治面貌"后增加一个字段，字段名为"年龄更新"，字段值为：年龄更新＝年龄+5，计算结果的"结果类型"为："单精度型"，"格式"为："固定"，"小数位数"为：1。

（7）按原文件名保存数据库文件。

实训三　表间关系建立

表间关系的主要作用是使多个表之间产生关联，通过表之间的关联性，可以将数据库中的多个表连接成一个有机的整体，以便快速地从不同表中提取相关的信息。

实训目的

（1）知道一对一、一对多、多对多三种关系的含义。
（2）了解"实施参照完整性""级联更新记录""级联删除记录"的概念。
（3）掌握获取外部数据的方法，以及数据表之间关系的建立方法。

实训分析

表间关系的建立，要求所涉及的两个数据表中都有一个数据类型、字段大小相同的字段，以其中一个数据表（主数据表）的字段与另一个数据表（子数据表或相关数据表）的关联字段建立两个表之间的关系。

若需要建立关系的数据表在外部文件中，可使用导入功能将数据表导入后，再完成表间关系的建立。

本实训以学生管理数据库为例，介绍导入外部数据的方法，以及表间关系的建立过程。

实训内容

1. 导入 Access 数据库中的表

将 samp1.accdb 数据库中的表"系科"导入 samp2.accdb 数据库中，导入后的数据表表名为"系科"。

操作步骤

01 打开 samp2.accdb 数据库文件，单击"外部数据"选项卡"导入并链接"组的 Access 按钮，在弹出的"获取外部数据-Access 数据库"对话框内，通过"浏览"按钮更改数据源的路径，选中"将表、查询、窗体、报表、宏和模块导入当前数据库"单选按钮，如图 1-30 所示。其中，"导入"与"链接"的区别可参见本实训知识链接 5、6。

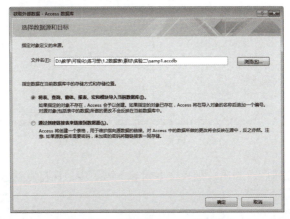

图 1-30　选择 Access 数据源

02 单击"确定"按钮后,在弹出的"导入对象"对话框中选择"系科"表,如图 1-31 所示。

03 单击"确定"按钮后,在弹出的"获取外部数据 -Access 数据库"保存导入步骤的对话框中,单击"完成"按钮。

2. 导入文本文件中的数据

将"学生 .txt"文件中的数据导入 samp2.accdb 数据库中,要求只导入其中的"学号""姓名""性别""系号"四个字段,并设置主键,导入后的数据表表名为"学生"。

操作步骤

01 单击"外部数据"选项卡,选择"导入并链接"组中的"文本文件"按钮,在弹出的"获取外部数据 - 文本文件"对话框内,通过"浏览"按钮更改数据源的路径,选中"将源数据导入当前数据库的新表中"单选按钮,如图 1-32 所示。

图 1-31 导入对象

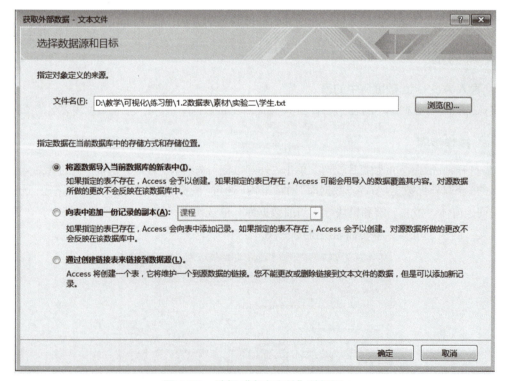

图 1-32 选择"文本文件"数据源

02 单击"确定"按钮后,弹出"导入文本向导"第 1 步,保持默认选项,如图 1-33 所示。

图1-33 "导入文本向导"第1步

03 单击"下一步"按钮后,弹出"导入文本向导"第2步,勾选"第一行包含字段名称"复选框,如图1-34所示。

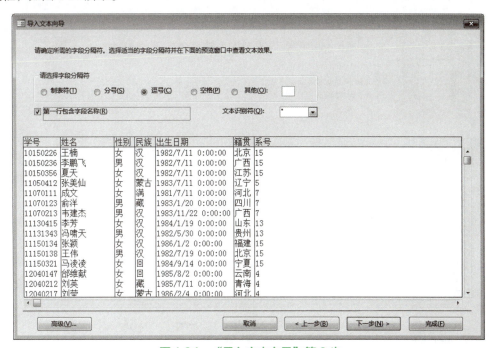

图1-34 "导入文本向导"第2步

04 单击"下一步"按钮后,弹出"导入文本向导"第3步,分别选中"籍贯""出生日期""民族"字段,勾选"不导入字段(跳过)"复选框,如图1-35所示。

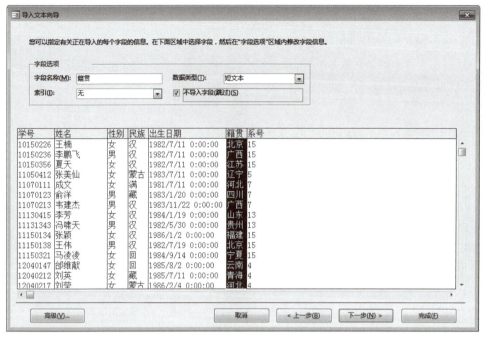

图 1-35 "导入文本向导"第 3 步

05 单击"下一步"按钮后,弹出"导入文本向导"第 4 步,选中"我自己选择主键"单选按钮并将"学号"设置为主键,如图 1-36 所示。

图 1-36 "导入文本向导"第 4 步

06 单击"下一步"按钮后,弹出"导入文本向导"第 5 步,保持默认选项,即表名为"学生",如图 1-37 所示。

图 1-37 "导入文本向导"第 5 步

07 单击"完成"按钮后,在弹出的"导入文本向导"保存导入步骤的对话框中,单击"关闭"按钮。

3. 建立表间关系

在 samp2.accdb 数据库文件中建立"课程"表、"选课"表、"系科"表和"学生"表之间的关系,并实施参照完整性。

操作步骤

01 单击"数据库工具"选项卡"关系"组中的"关系"按钮。此时,会弹出"显示表"对话框,如图 1-38 所示,选中所有表,单击"添加"按钮后关闭"显示表"对话框。(若没有自动弹出"显示表"对话框,可用单击"关系工具 - 设计"选项卡"关系"组中的"显示表"按钮)。

02 在"关系"窗口中,将"课程"表中"课程号"字段拖动至"选课"表中的"课程号"字段上。在弹出的"编辑关系"对话框中,勾选"实施参照完整性"复选框,单击"创建"按钮,如图 1-39 所示。此时已建立"课程"表与"选课"表的关系,两个表中的"课程号"字段使用关系连接线连接起来,如图 1-40 所示。"实施参照完整性"的含义可参见本实训知识链接 4。

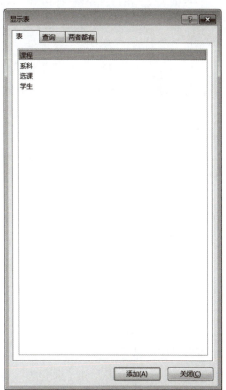

图 1-38 "显示表"对话框

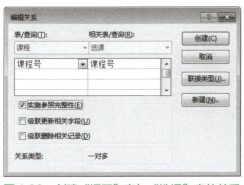

图 1-39 创建"课程"表与"选课"表的关系

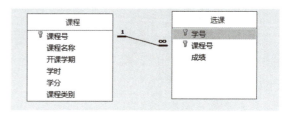

图 1-40 关系连接线

03 使用同样的方法,将"选课"表中的"学号"字段拖动至"学生"表中的"学号"字段上,并勾选"实施参照完整性"复选框,单击"创建"按钮。

04 使用同样的方法,将"学生"表中的"系号"字段拖动至"系科"表中的"系号"字段上,并勾选"实施参照完整性"复选框,单击"创建"按钮。

05 单击快速工具栏上的"保存"按钮或按【Ctrl+S】组合键,保存建立的关系。

知识链接

1. 数据表之间的三种关系

数据表之间的关系有三种:

(1)一对一关系:指 A 表中的一条记录只能对应 B 表中的一条记录,并且,B 表中的一条记录也只能对应 A 表中的一条记录。

例如,在"学生表"和"学生家庭"中都是将"学号"设置为主关键字,并且只有一个字段作为主键,两者的关系就是一对一的关系。

两个表之间要建立一对一关系,首先定义关联字段为每个表的主键或建立索引属性为"有(无重复)",然后确定两个表具有一对一的关系。

(2)一对多关系:指 A 表中的一条记录能对应 B 表中的多条记录,但是 B 表中的一条记录只能对应 A 表中的一条记录。在一对多的关系中,将一端表称为主表,将多端表称为相关表或子表。

例如,在"学生表"和"成绩表"中以"学号"作为两个表之间建立关系的连接条件,"学生表"中"学号"字段值是唯一的,将其设置为主关键字,而"成绩表"中一个学生对应多门课程的成绩,该表中的"学号"字段不是唯一的,不能设置为主关键字,两者的关系就是一对多的关系。

两个表之间要建立一对多关系,首先定义关联字段为主表的主键或建立索引属性为"有(无重复)",二是设置关联字段在子表中的索引属性为"有(有重复)",然后确定两个表具有一对多的关系。

(3)多对多关系:指 A 表中的一条记录能对应 B 表中的多条记录,同时 B 表中的一条记录也可以对应 A 表中的多条记录。

例如,"学生表"和"课程表"有一个多对多的关系,它是通过建立与"成绩表"表中两个一对多关系来创建的。一个学生可以有多门课程,每门课程可以出现在多个学生中。

由于现在的数据库管理系统不直接支持多对多的关系，因此在处理多对多的关系时需要将其转换为两个一对多的关系，即创建一个联接表，将两个多对多表中的主关键字段添加到联接表中，则这两个多对多表与联接表之间均变成了一对多的关系，这样间接地建立了多对多的关系。

2. 建立表间关系

使用数据库向导创建数据库时，向导自动定义各个表之间的关系，使用表向导创建表时，也将定义该表与数据库中其他表之间的关系。但如果没有使用向导创建数据库或表，就需要自己定义表之间的关系。

数据库中的多个表之间要建立关系，必须先给各个表建立主键或索引，还要关闭所有打开的表，否则不能建立表间关系。可以设置管理关系记录的规则。只有建立了表间关系，才能设置参照完整性，设置在相关联的表中插入，删除和修改记录的规则。

在"编辑关系"对话框中，可以根据需要选择"实施参照完整性""级联更新相关字段""级联删除相关记录"关系选项。

3. 编辑和删除表间关系

表之间的关系创建后，在使用过程中，如果不符合要求，如需级联更新字段、级联删除记录，可重新编辑表间关系，也可删除表间关系。

可以通过"关系"对话框改变两个表之间的关系和添加表，或者删除表之间的关系。

1）改变表之间关系或添加表的操作步骤

（1）在数据库对话框中，选择"数据库工具 | 关系"命令，或者单击工具栏上"关系"按钮，系统弹出"关系"对话框。

（2）选择"关系"菜单中的"编辑关系"命令，或者双击两个表之间的连接线，在弹出的"编辑关系"对话框中修改表的关系，如图1-41所示。

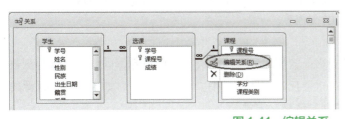
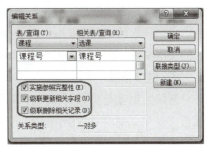

图1-41　编辑关系

（3）若需要添加表，选择"关系"菜单中的"显示表"命令，在"显示表"对话框中选择添加的表，然后关闭"显示表"对话框。

2）从"关系"对话框中删除表的操作步骤

（1）在数据库对话框中，选择"数据库工具 | 关系"命令，系统弹出"关系"对话框。

（2）单击要删除的表，然后按【Delete】键，然后关闭"关系"对话框，系统弹出保存提示对话框，若单击"是"按钮，保存对关系布局的更改。

4. 实施参照完整性

只有先选择"实施参照完整性"，才能选择"级联更新相关字段"和"级联删除相关记录"。

（1）实施参照完整性：参照完整性是一个规则，用它可以确保有关系的表中记录之间关系的完整有效性，并且不会随意的删除或更改相关数据，即不能在子表的外键字段中输入不存在于主表中的值，但可以在子表的外键字段中输入一个 Null 值来指定这些记录与主表之间并没有关系。如果在子表中存在着与主表匹配的记录，则不能从主表中删除这个记录，同时也不能更改主表的主键值。

例如：学生表和选课表建立了一对多的关系，并选择了"实施参照完整性"，则在选课表的学号字段中，不能输入一个学生表中不存在的学号值。如果在选课表中存在着与学生表相匹配的一个记录，则不能从学生表中删除这个记录，也不能更改学生表中这个记录的学号值。

参照完整性的操作严格基于表的关键字段，无论主键还是外键，每次在添加、修改或删除关键字段值时，系统都会检查其完整性。

（2）级联更新相关字段：选择"级联更新相关字段"选项，即设置在主表中更改主键值时，系统自动更新子表中所有相关记录中的外键值。

例如：把学生表中的一个学生的学号"10150236"改为"10160236"，则选课表中所有学号为"10150236"的记录都将被系统自动更改为"10160236"。

（3）级联删除相关记录：选择"级联删除相关记录"选项，即设置删除主表中记录时，系统自动删除子表中所有相关的记录。

例如：删除学生表中学号为"10150356"的一个记录，则选课表中所有学号为"10150356"的记录都将被系统自动删除。

5. 导入数据

导入数据就是将其他格式的数据源文件导入，成为当前数据库的一个新表。导入后的数据可以进行修改，但与原数据无关，数据源文件的修改不会反映在当前数据库的表中。一般情况下，若不需要对作为数据源的数据做修改，则可以选择"导入"方式。

可以导入的表类型：Access 数据库中的表、Excel 工作表、Lotus 工作表、带分隔符或定长格式的文本文件、FoxPro 数据库表、HTML 文档等。

6. 链接数据

链接数据就是将数据源文件链接到当前数据库，在当前数据库中对数据的修改会保存到数据源文件中，同时对数据源文件的修改也会反映到数据库中。一般情况下，如果作为数据源的数据经常需要在外部进行修改，可以选择"链接"方式。

拓展训练

1. 医疗管理数据库表间关系建立

（1）打开 Exercise3.accdb 数据库文件，将"预约.txt"文件中的数据导入 Exercise3.accdb 数据库中，命名为"tSubscribe"，并自行选择主键。

（2）修改"字段 1"字段的名称为"看诊日期"，格式为：长日期，要求"预约日期"不得晚于"看诊日期"，否则，将弹出警告框：请重新输入看诊日期。

> **提示：**
> 修改表属性中的"验证规则"和"验证文本"。

（3）将"病人.xlsx"文件中的数据导入 Exercise3.accdb 数据库中，命名为"tPatient"，并将数据中的第一行作为字段名，自行选择主键。

（4）建立 tSubscribe 表、tPatient 表、tDoctor 表、tOffice 表间的关系，并设置实施参照完整性。

（5）按原文件名保存数据库文件。

2. 员工管理数据库表间关系建立

（1）打开 Exercise4_1.accdb 数据库文件，将 Exercise4_2.accdb 数据库中的表 tStaff 导入 Exercise4_1.accdb 数据库中，命名为"tStaff"，并自行选择主键。

（2）在表 tStaff 中增加一个"照片"字段，对象类型为"OLE"，并将工号为"00001"的照片字段数据设置为 photo.bmp 文件。

（3）设置表 tSalary 的主键。

（4）建立表 tSalary 与表 tStaff 之间的关系。

（5）按原文件名保存数据库文件。

实训四　数据表维护与导出

类似于在 Excel 中编辑电子表格一样，用户可以在 Access 数据表中对数据进行编辑维护，包括数据的查找替换、排序筛选、设置数据表格式、文本格式等操作。

同时，Access 支持将数据库对象导出为多种数据类型。通过"外部数据"选项卡下"导出"组的各按钮，可以将一个 Access 数据库对象导出成 Excel 工作表、文本文件等其他格式的数据文件。

实训目的

（1）知道数据表格式、文本格式的基本操作方法。
（2）了解数据表中的数据查找替换、排序筛选等操作方法。
（3）掌握将数据库对象导出成 Excel 文件格式的操作方法。

实训分析

对数据表进行编辑和维护后，可以利用导出数据的功能将数据表导出。对数据表进行导出操作，主要是为了数据库的安全性和实现数据共享。导出的数据表可以作为后续数据可视化或数据分析的数据源使用。

本实训以课程表为例介绍数据表格式的设置、文本格式的设置、数据的查找替换、排序筛选等操作以及导出数据的方法。

实训内容

1. 设置格式

打开 samp3.accdb 数据库文件，将"课程"表的单元格效果设置为"凸起"，表中的数据颜色设置为"标准色 - 深蓝"。

操作步骤

01 进入数据表视图。打开 samp3.accdb 数据库文件，双击"课程"表，进入数据表视图。

02 设置数据表格式。单击"开始"选项卡"文本格式"组的对话框启动器，在弹出的"设置数据表格式"对话框内，选择单元格效果中的"凸起"选项，单击"确定"按钮。

03 设置文本颜色。单击"开始"选项卡"文本格式"组的"字体颜色"按钮，在下拉列表中选择"标准色 - 深蓝"。

2. 查找与替换

将"课程号"字段值中所有的"TC"替换为"KC"。

操作步骤

01 在数据表视图中，单击"开始"选项卡"查找"组中的"替换"按钮，弹出"查找和替换"对话框。

02 设置查找与替换的内容。在"替换"选项卡下"查找内容"文本框中输入"TC",在"替换为"文本框中输入"KC",将"查找范围"设置为"当前文档","匹配"设置为"字段任何部分",单击"全部替换"按钮,如图 1-42 所示。

图 1-42　查找与替换

3. 排序与筛选

删除"课程"表中第一学期开课,或者课程类别为"必修"的课程,删除后的记录按照"学分"升序显示。

操作步骤

01 设置排序与筛选的条件。在数据表视图中,单击"开始"选项卡下"排序和筛选"组中的"高级"按钮,在弹出的下拉列表中选择"高级筛选/排序"选项。在新建的"课程筛选 1"对话框中,双击"开课学期""课程类别""学分"字段完成字段的添加,在"开课学期"字段对应的"条件"行中输入""一"",在"课程类别"字段对应的"或"行中输入""必修"",在"学分"字段对应的"排序"行中选择"升序",如图 1-43 所示。

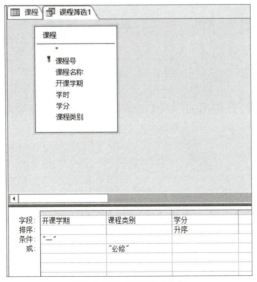

图 1-43　排序与筛选

02 查看排序筛选后的结果。单击"开始"选项卡下"排序和筛选"组中的"切换筛选"按钮,即可返回"课程"表的数据表视图,并显示筛选和排序后的结果。注:利用"切换筛选"按钮,可在初始数据与筛选、排序后的数据进行切换显示。其他排序与筛选的方法可参见本实训知识链接 2。

03 删除记录。关闭"课程筛选 1"对话框,然后选中筛选和排序后的记录,按【Delete】键即可删除选中的记录。

4. 导出为 Excel 文件

将"课程"表导出为 Excel 文件,文件名为"课程 .xlsx"。

操作步骤

01 单击"外部数据"选项卡"导出"组的"Excel"按钮,在弹出的"导出 -Excel 电子表格"对话框内,通过"浏览"按钮更改目标文件的保存路径和文件名,如图 1-44 所示。

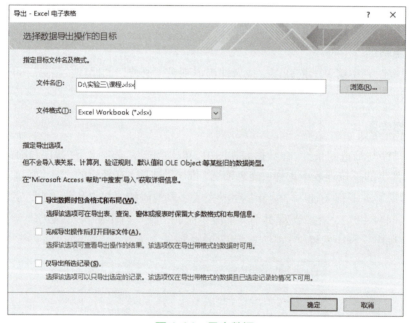

图 1-44　导出数据

02 单击"确定"按钮后,在弹出的"导出 -Excel 电子表格"保存导入步骤的对话框中,单击"关闭"按钮。

知识链接

1. 查找与替换

当数据表数据较多时,可以通过查找功能,快速查找所需要的数据。选择菜单"查找"命令,打开"查找和替换"对话框。

注意:

"查找范围"下拉列表中包含的字段为在进行查找之前控制光标所在的字段。通常,在查找之前将控制光标移到所查找的字段上,这样对比整个表进行查找可以节省更多的时间。也可以在"查找范围"下拉列表中选择"整个表"作为查找范围。

在查找数据时，还可以用表 1-8 所示的通配符来查找一批相匹配的记录。

表 1-8　查找替换中的通配符

字　　符	说　　明
*	与任意个数的字符匹配。在字符串中，它可以当作第一个或最后一个字符使用
?	与任意单个字母的字符匹配
[ ]	与方括号内任意单个字符匹配
!	匹配任意不在方括号之内的字符
-	与某个范围内的任意一个字符匹配。必须按升序指定范围
#	与任意单个数字字符匹配

2．排序与筛选

1）排序规则

排序是根据当前表中的一个或多个字段的值对整个表中的所有记录进行重新排列。

（1）排序时可以按升序，也可以按降序排列数据。排序时，不同的字段类型，排序规则有所不同，具体规则如下：

① 英文按字母顺序排序，升序时按 A～Z 排序，降序时按 Z～A 排序；

② 汉字按拼音字母的顺序排序；

③ 数字和货币值按数字的大小排序（升序为从低到高）；

④ 日期和时间字段，按日期的先后排序（升序为从早到晚）。

（2）排序时需要注意以下几点：

① 对于"文本"型的字段，若它的取值有数字，系统将作为字符串来排序。若要按数值顺序来排序，则需在数字前面加零，使文本字符串具有相同的长度。例如："1""2""11""22"，其排序结果将是"1""11""2""22"。将一位的字符串前面加上零，即"01""02""11""22"才能正确地排序。

② 在按升序对字段进行排序时，如果字段中同时包含 Null 值和零长度字符串的记录，则包含 Null 值的记录将首先显示，紧接着是零长度字符串。

③ 数据类型为"备注""超链接""OLE 对象"的字段不能排序。

2）简单排序

简单排序就是基于一个或多个相邻字段的记录按升序或降序排列。

3）高级排序

使用高级排序可以对多个不相邻的字段排序，并且各个字段可以采用不同的方式（升序或降序）排列。

4）取消排序

取消排序的方法是选择"排序与筛选 | 取消排序"或者在关闭数据表时，在提示框中选择不保存。

5）按选定内容筛选

按选定内容筛选是指先选定表中的字段值，然后在表中查找出包含此值的记录并显示出来，即将当前位置的内容作为条件进行筛选。它是筛选中最简单通用、最快速的方法。

6）按内容排除筛选

按内容排除筛选和按选定内容筛选恰好相反，排除那些满足条件的记录，而显示出不满足条件的记录。

7）按窗体筛选

按窗体筛选是在表的一个空白窗体行中输入查找条件，然后找出那些满足条件的记录。进行筛选条件设置时，条件是"与"的关系设在同一选项卡，条件是"或"的关系设在不同选项卡。

8）高级筛选／排序

在实际应用中，常常涉及复杂的筛选条件。高级筛选／排序可以对数据库中的一个或多个表、查询进行筛选，还可以在一个或多个字段上进行排序。它不仅包括按窗体筛选的特征，而且还能为表中的不同字段规定混合的排序次序。

拓展训练

1. 销售表的维护与导出

（1）打开 Exercise5.accdb 数据库文件中的"销售"表，删除 1999/6/1 以后（不包含 1999/6/1）的所有记录。

（2）冻结"ID"字段，并将表中的数据字体设置为"华文楷体"。

（3）将"销售"表的数据导出为文本文件，以逗号为分隔符，文件名为"销售.txt"。

2. 图书表的维护与导出

（1）打开 Exercise6.accdb 数据库文件中的"图书"表，将"单价"字段中的数字"3"更改为数字"8"。

（2）隐藏"图书 ID 字段"，并将数据表的单元格效果设置为"凹陷"。

（3）将"图书"表的数据导出为 PDF 文件，文件名为"图书.pdf"。

实训五　单表选择查询

查询是数据库的核心功能，可以根据一定的条件或要求对数据库中的特定数据信息进行检索，筛选出符合条件的记录，形成一个新的数据集合，从而方便对数据库中的表进行查看和分析。

选择查询是最常用的查询类型，它从一个或多个表中提取所需数据，可以使用条件表达式来限制查询结果，也可以对检索出的数据进行排序、分组、总计、计数、平均值以及其他类型的汇总查询。

实训目的

（1）知道数据库查询的五种查询类型。
（2）了解查询的三种视图模式。
（3）掌握创建单表选择查询（单表简单查询、单表排序查询、单表条件查询和单表汇总查询）的 SQL 语句，以及使用"设计视图"创建单表选择查询的方法。

实训分析

单表选择查询是指从一个数据表中，根据给定的查询条件，检索所需数据，完成排序、分组、计数等汇总统计。

本实训以学生管理数据库中的单个数据表为例，介绍简单查询、排序查询、条件查询和汇总查询的查询操作方法。

实训内容

打开 samp1.accdb 数据库文件，完成以下查询。

1. 单表简单查询

创建查询，查找并显示"教师"表中的"姓名""性别""工作时间""职称"四个字段，查询名称命名为"查询1"。

方法一：使用"SQL 语句"创建查询。

操作步骤

01 进入查询的 SQL 视图。打开 samp1.accdb 数据库文件，单击"创建"选项卡"查询"组中的"查询设计"按钮，关闭弹出的"显示表"对话框，此时，会进入查询的设计视图。单击"查询工具-设计"选项卡"结果"组"SQL 视图"按钮，切换到 SQL 视图，如图 1-45 所示。

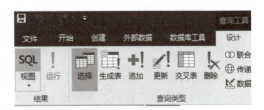

图 1-45　进入查询的 SQL 视图

02 输入 SQL 语句。在 SQL 视图中输入以下 SQL 语句：
```
SELECT 教师.姓名, 教师.性别, 教师.工作时间, 教师.职称
FROM 教师;
```

> **注意：**
> SELECT 查询语句格式可参见本实训知识链接 3。

03 运行查询。单击"查询工具-设计"选项卡"结果"组的"运行"按钮,运行该查询,如图 1-46 所示。此时会切换到数据表视图,在数据表视图中可以查看该查询的结果。

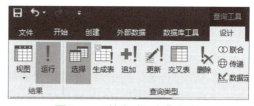

图 1-46　单击"运行"按钮

04 保存查询。单击快速访问工具栏上的"保存"按钮或按【Ctrl+S】组合键进行保存,并在弹出的"另存为"对话框中输入表的名称"查询 1"。

方法二:使用"设计视图"创建查询。

操作步骤

01 进入查询的设计视图。打开 samp1.accdb 数据库文件,单击"创建"选项卡"查询"组中的"查询设计"按钮,进入查询的设计视图。

02 添加表。在弹出的"显示表"对话框中,选择表"教师",单击"添加"按钮。添加完成后,关闭"显示表"对话框,此时在查询的设计视图上半部分可以看到添加的表对象,下半部分是查询设计区,包括"字段""表""排序""显示""条件"等行,如图 1-47 所示。

03 选择字段。双击"教师"表中的"姓名""性别""工作时间""职称"四个字段,可在查询中成功添加字段。添加字段后,"表"行会自动显示该字段所对应的表,"显示"行的复选框会自动打勾,表示该字段在查询结果中显示,如图 1-48 所示。若需删除多选或选错的字段,可以先选中该字段,然后按【Delete】键删除。

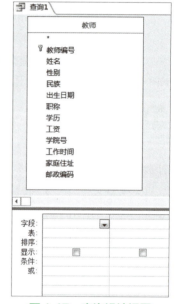

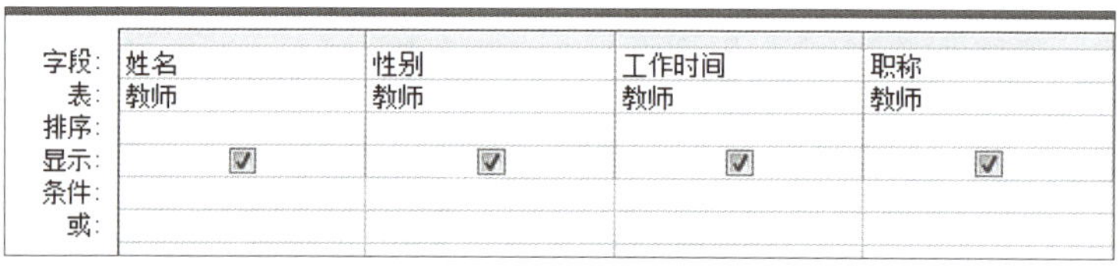

图 1-47　查询设计视图

图 1-48　添加字段

04 运行查询。单击"查询工具-设计"选项卡"结果"组的"运行"按钮,运行该查询,此时会切换到数据表视图,在数据表视图中可以查看该查询的结果。

05 保存查询。单击快速访问工具栏上的"保存"按钮或按【Ctrl+S】组合键进行保存,并在弹出的"另存为"对话框中输入表的名称"查询 1"。

2. 单表排序查询

创建查询,按"性别"字段升序显示"学生"表中所有学生信息,所建查询名为"查询 2"。

方法一：使用"SQL 语句"创建查询。

操作步骤

01 进入查询的 SQL 视图。打开 samp1.accdb 数据库文件，单击"创建"选项卡"查询"组中的"查询设计"按钮，关闭弹出的"显示表"对话框，此时，会进入查询的设计视图。单击"查询工具 - 设计"选项卡"结果"组"视图"按钮的下拉菜单，选择"SQL 视图"选项，切换到 SQL 视图。

02 输入 SQL 语句。在 SQL 视图中输入以下 SQL 语句：
SELECT 学生.*
FROM 学生
ORDER BY 学生.性别；

注意：
学生.*表示学生表中的所有字段，ORDER BY 语句格式可参见本实训知识链接 3。

03 运行查询。单击"查询工具 - 设计"选项卡"结果"组的"运行"按钮，运行该查询。此时会切换到数据表视图，在数据表视图中可以查看该查询的结果。

04 保存查询。单击快速访问工具栏上的"保存"按钮或按【Ctrl+S】组合键进行保存，并在弹出的"另存为"对话框中输入表的名称"查询 2"。

方法二：使用"设计视图"创建查询。

操作步骤

01 进入查询的设计视图。打开 samp1.accdb 数据库文件，单击"创建"选项卡"查询"组中的"查询设计"按钮，进入查询的设计视图。

02 添加表。在弹出的"显示表"对话框，选择表"学生"，单击"添加"按钮。添加完成后，关闭"显示表"对话框。

03 选择字段。双击"学生"表中的"*"，可在查询中添加该表的所有字段。

04 设置排序。双击"学生"表中的"性别"字段，在"性别"字段的"排序"行的下拉菜单中选择"升序"排序方式，同时，在该字段对应的"显示"行中取消复选框的勾选状态，表示该字段在结果中不显示，仅作为此次排序的依据，如图 1-49 所示。

05 运行查询。单击"查询工具 - 设计"选项卡"结果"组的"运行"按钮，运行该查询。此时会切换到数据表视图，在数据表视图中可以查看该查询的结果。

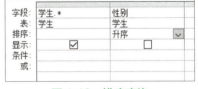

图 1-49　排序查询

06 保存查询。单击快速访问工具栏上的"保存"按钮或按【Ctrl+S】组合键进行保存，并在弹出的"另存为"对话框中输入表的名称"查询 2"。

3. 单表条件查询

（1）创建查询，查找并显示"学生"表中 2005 年出生的男生，查询结果包含"姓名""性别""出生日期"字段，查询名称命名为"查询 3"。

方法一：使用"SQL 语句"创建查询。

操作步骤

01 进入查询的 SQL 视图。打开 samp1.accdb 数据库文件，单击"创建"选项卡"查询"组中的"查询设计"按钮，关闭弹出的"显示表"对话框，此时，会进入查询的设计视图。单击"查询工具-设计"选项卡"结果"组"视图"按钮的下拉菜单，选择"SQL 视图"选项，切换到 SQL 视图。

02 输入 SQL 语句。在 SQL 视图中输入以下 SQL 语句：
```
SELECT 学生.姓名, 学生.性别, 学生.出生日期
FROM 学生
WHERE (((学生.性别)="男") AND (Year([出生日期])=2005));
```

> **注意：**
> 常用函数的使用方法可参见本实训知识链接 5。

03 运行查询。单击"查询工具-设计"选项卡"结果"组的"运行"按钮，运行该查询。此时会切换到数据表视图，在数据表视图中可以查看该查询的结果。

04 保存查询。单击快速访问工具栏上的"保存"按钮或按【Ctrl+S】组合键进行保存，并在弹出的"另存为"对话框中输入表的名称"查询 3"。

方法二：使用"设计视图"创建查询。

操作步骤

01 进入查询的设计视图。打开 samp1.accdb 数据库文件，单击"创建"选项卡"查询"组中的"查询设计"按钮，进入查询的设计视图。

02 添加表。在弹出的"显示表"对话框，选择表"学生"，单击"添加"按钮。添加完成后，关闭"显示表"对话框。

03 选择字段。双击"学生"表中的"姓名""性别""出生日期"三个字段，可在查询中成功添加字段。

04 添加条件。在"性别"字段对应的"条件"行中输入查询条件""男""，并且，在"出生日期"字段对应的"条件"行中输入查询条件"Year([出生日期])=2005"，如图 1-50 所示。

> **注意：**
> 常用函数的使用方法可参见本实训知识链接 5。

图 1-50 设置"与"条件

05 运行查询。单击"查询工具-设计"选项卡"结果"组的"运行"按钮，运行该查询。此时会切换到数据表视图，在数据表视图中可以查看该查询的结果。

06 保存查询。单击快速访问工具栏上的"保存"按钮或按【Ctrl+S】组合键进行保存，并

在弹出的"另存为"对话框中输入表的名称"查询3"。

（2）创建查询，查找并显示"学生"表中姓"张"的同学或者所有男同学的信息，查询结果包含"姓名""籍贯""出生日期"字段，查询名称命名为"查询4"。

方法一：使用"SQL 语句"创建查询。

操作步骤

01 进入查询的 SQL 视图。打开 samp1.accdb 数据库文件，单击"创建"选项卡"查询"组中的"查询设计"按钮，关闭弹出的"显示表"对话框，此时，会进入查询的设计视图。单击"查询工具-设计"选项卡"结果"组"视图"按钮的下拉菜单，选择"SQL 视图"选项，切换到 SQL 视图。

02 输入 SQL 语句。在 SQL 视图中输入以下 SQL 语句：

```
SELECT 学生.姓名，学生.籍贯，学生.出生日期
FROM 学生
WHERE ((( 学生.姓名) Like "张*")) OR ((( 学生.性别)="男"));
```

注意：
Like 运算符的使用方法可参见本实训知识链接 5。

03 运行查询。单击"查询工具-设计"选项卡"结果"组的"运行"按钮，运行该查询。此时会切换到数据表视图，在数据表视图中可以查看该查询的结果。

04 保存查询。单击快速访问工具栏上的"保存"按钮或按【Ctrl+S】组合键进行保存，并在弹出的"另存为"对话框中输入表的名称"查询4"。

方法二：使用"设计视图"创建查询。

操作步骤

01 进入查询的设计视图。打开 samp1.accdb 数据库文件，单击"创建"选项卡"查询"组中的"查询设计"按钮，进入查询的设计视图。

02 添加表。在弹出的"显示表"对话框，选择表"学生"，单击"添加"按钮。添加完成后，关闭"显示表"对话框。

03 选择字段。双击"学生"表中的"姓名""籍贯""出生日期"三个字段，可在查询中成功添加字段。

04 添加条件。在"姓名"字段对应的"条件"行中输入查询条件"Like "张*""。然后，双击"学生"表中的"性别"字段，在"性别"字段对应的"或"行中输入查询条件""男""，且在"性别"字段对应的"显示"行中取消复选框的勾选状态，如图 1-51 所示。

注意：
Like 运算符的使用方法可参见本实训知识链接 5。

图 1-51 设置"或"条件

05 运行查询。单击"查询工具 - 设计"选项卡"结果"组的"运行"按钮,运行该查询。此时会切换到数据表视图,在数据表视图中可以查看该查询的结果。

06 保存查询。单击快速访问工具栏上的"保存"按钮或按【Ctrl+S】组合键进行保存,并在弹出的"另存为"对话框中输入表的名称"查询 4"。

4. 单表汇总查询

创建查询,统计"学生"表中的学生人数,查询名称命名为"查询 5"。

方法一:使用"SQL 语句"创建查询。

操作步骤

01 进入查询的 SQL 视图。打开 samp1.accdb 数据库文件,单击"创建"选项卡"查询"组中的"查询设计"按钮,关闭弹出的"显示表"对话框,此时,会进入查询的设计视图。单击"查询工具 - 设计"选项卡"结果"组"视图"按钮的下拉菜单,选择"SQL 视图"选项,切换到 SQL 视图。

02 输入 SQL 语句。在 SQL 视图中输入以下 SQL 语句:
```
SELECT Count(学生.学号) AS 学号之计数
FROM 学生;
```

注意:

汇总查询的各总计函数可参见本实训知识链接 6。

03 运行查询。单击"查询工具 - 设计"选项卡"结果"组的"运行"按钮,运行该查询。此时会切换到数据表视图,在数据表视图中可以查看该查询的结果。

04 保存查询。单击快速访问工具栏上的"保存"按钮或按【Ctrl+S】组合键进行保存,并在弹出的"另存为"对话框中输入表的名称"查询 5"。

方法二:使用"设计视图"创建查询。

操作步骤

01 进入查询的设计视图。打开 samp1.accdb 数据库文件,单击"创建"选项卡"查询"组中的"查询设计"按钮,进入查询的设计视图。

02 添加表。在弹出的"显示表"对话框,选择表"学生",单击"添加"按钮。添加完成后,关闭"显示表"对话框。

03 创建汇总查询。单击"查询工具 - 设计"选项卡"显示/隐藏"组的"汇总"按钮,此时,在查询设计区增加了"总计"行。

04 添加字段。双击"学生"表中的"学号"字段,并在"总计"行的下拉菜单中选择"计数"总计方式,如图 1-52 所示。

图 1-52 "计数"总计方式

注意:

汇总查询的各总计方式含义可参见本实训知识链接 6。

05 运行查询。单击"查询工具 - 设计"选项卡"结果"组的"运行"按钮,运行该查询。此时会切换到数据表视图,在数据表视图中可以查看该查询的结果。

06 保存查询。单击快速访问工具栏上的"保存"按钮或按【Ctrl+S】组合键进行保存，并在弹出的"另存为"对话框中输入表的名称"查询 5"。

（2）创建查询，统计"选课"表中每名学生的平均成绩，查询结果包含"学号""平均分"字段，查询名称命名为"查询 6"。

方法一：使用"SQL 语句"创建查询。

操作步骤

01 进入查询的 SQL 视图。打开 samp1.accdb 数据库文件，单击"创建"选项卡"查询"组中的"查询设计"按钮，关闭弹出的"显示表"对话框，此时，会进入查询的设计视图。单击"查询工具 - 设计"选项卡"结果"组"视图"按钮的下拉菜单，选择"SQL 视图"选项，切换到 SQL 视图。

02 输入 SQL 语句。在 SQL 视图中输入以下 SQL 语句：

```
SELECT 选课.学号，Avg(选课.成绩) AS 平均分
FROM 选课
GROUP BY 选课.学号；
```

注意：
汇总查询的各总计函数可参见本实训知识链接 6。

03 运行查询。单击"查询工具 - 设计"选项卡"结果"组的"运行"按钮，运行该查询。此时会切换到数据表视图，在数据表视图中可以查看该查询的结果。

04 保存查询。单击快速访问工具栏上的"保存"按钮或按【Ctrl+S】组合键进行保存，并在弹出的"另存为"对话框中输入表的名称"查询 6"。

方法二：使用"设计视图"创建查询。

操作步骤

01 进入查询的设计视图。打开 samp1.accdb 数据库文件，单击"创建"选项卡"查询"组中的"查询设计"按钮，进入查询的设计视图。

02 添加表。在弹出的"显示表"对话框，选择表"选课"，单击"添加"按钮。添加完成后，关闭"显示表"对话框。

03 创建汇总查询。单击"查询工具 - 设计"选项卡"显示 / 隐藏"组的"汇总"按钮。

04 添加字段。双击"选课"表中的"学号""成绩"字段，并在"成绩"字段"总计"行的下拉菜单中选择"平均值"总计方式，"学号"字段的总计方式保持不变，为"Group By"，如图 1-53 所示。

注意：
汇总查询的各总计方式含义可参见本实训知识链接 6。

05 运行查询。单击"查询工具 - 设计"选项卡"结果"组的"运行"按钮，运行该查询。此时会切换到数据表视图，数据表视图中显示的查询结果字段名为"学号""成绩之平均值"，如图 1-54 所示。

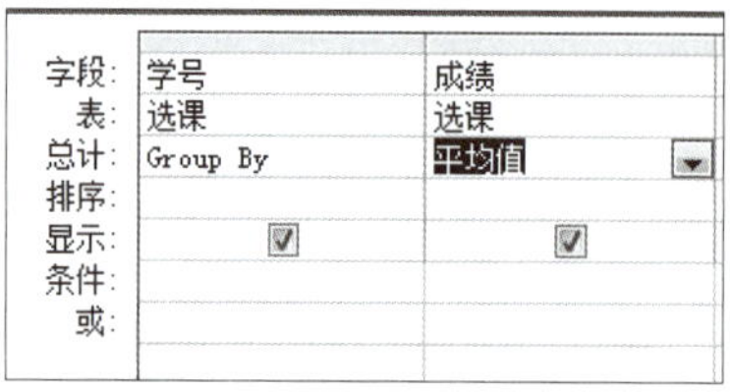

图 1-53 “平均值”总计方式

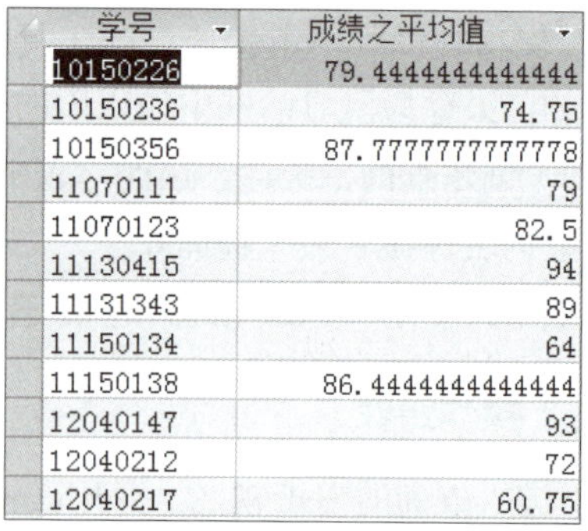

学号	成绩之平均值
10150226	79.4444444444444
10150236	74.75
10150356	87.7777777777778
11070111	79
11070123	82.5
11130415	94
11131343	89
11150134	64
11150138	86.4444444444444
12040147	93
12040212	72
12040217	60.75

图 1-54 “平均值”总计方式的数据表视图效果

06 创建计算字段。切换回设计视图，在“成绩”字段的“字段”行中“成绩”文字前添加“平均分 :”，如图 1-55 所示。

注意：
创建计算字段的规则可参见本实训知识链接 7。

07 再次运行查询，查看结果。单击“查询工具 - 设计”选项卡“结果”组的“运行”按钮，运行该查询。此时的显示结果如图 1-56 所示，查询结果显示的字段名为“学号”“平均分”。

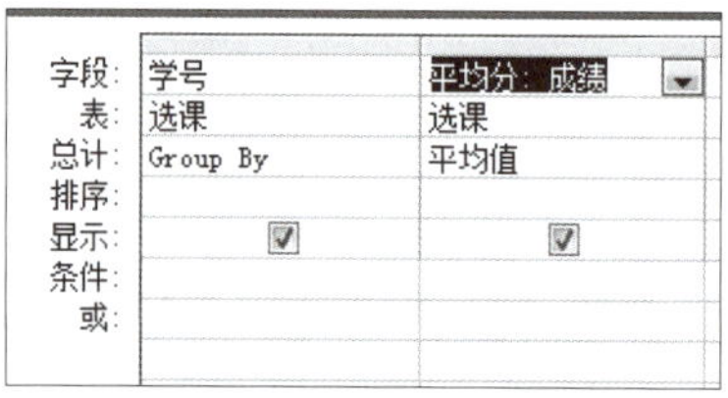

图 1-55 创建计算字段的方法

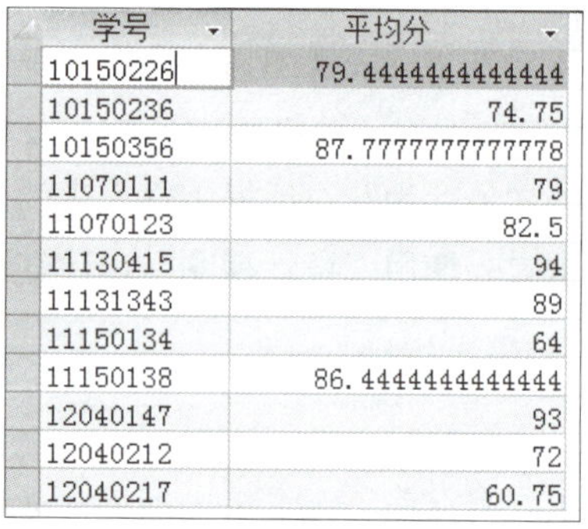

学号	平均分
10150226	79.4444444444444
10150236	74.75
10150356	87.7777777777778
11070111	79
11070123	82.5
11130415	94
11131343	89
11150134	64
11150138	86.4444444444444
12040147	93
12040212	72
12040217	60.75

图 1-56 创建字段后的效果

08 保存查询。单击快速访问工具栏上的“保存”按钮或按【Ctrl+S】组合键进行保存，并在弹出的“另存为”对话框中输入表的名称“查询 6”。

（3）创建查询，统计“学生”表中男、女学生的人数，查询名称命名为“查询 7”。

方法一：使用“SQL 语句”创建查询。

操作步骤

01 进入查询的 SQL 视图。打开 samp1.accdb 数据库文件，单击“创建”选项卡“查询”组中的“查询设计”按钮，关闭弹出的“显示表”对话框，此时，会进入查询的设计视图。单击“查询工具 - 设计”选项卡“结果”组“视图”按钮的下拉菜单，选择“SQL 视图”选项，切换到 SQL 视图。

02 输入 SQL 语句。在 SQL 视图中输入以下 SQL 语句：

```
SELECT Count(学生.学号) AS 学号之计数, 学生.性别
FROM 学生
```

```
GROUP BY 学生.性别；
```

> **注意：**
> 汇总查询的各总计函数可参见本实训知识链接6。

03 运行查询。单击"查询工具-设计"选项卡"结果"组的"运行"按钮，运行该查询。此时会切换到数据表视图，在数据表视图中可以查看该查询的结果。

04 保存查询。单击快速访问工具栏上的"保存"按钮或按【Ctrl+S】组合键进行保存，并在弹出的"另存为"对话框中输入表的名称"查询7"。

方法二：使用"设计视图"创建查询。

操作步骤

01 进入查询的设计视图。打开samp1.accdb数据库文件，单击"创建"选项卡"查询"组中的"查询设计"按钮，进入查询的设计视图。

02 添加表。在弹出的"显示表"对话框，选择表"学生"，单击"添加"按钮。添加完成后，关闭"显示表"对话框。

03 创建汇总查询。单击"查询工具-设计"选项卡"显示/隐藏"组的"汇总"按钮。

04 添加字段。双击"学生"表中的"学号""性别"字段，并在"学号"字段"总计"行的下拉菜单中选择"计数"总计方式，"性别"字段的总计方式保持不变，为"Group By"。

> **注意：**
> 汇总查询的各总计方式含义可参见本实训知识链接6。

05 运行查询。单击"查询工具-设计"选项卡"结果"组的"运行"按钮，运行该查询。此时会切换到数据表视图，在数据表视图中可以查看该查询的结果。

06 保存查询。单击快速访问工具栏上的"保存"按钮或按【Ctrl+S】组合键进行保存，并在弹出的"另存为"对话框中输入表的名称"查询7"。

（4）创建查询，按课程号统计表"选课"中每门成绩的总和、最低分、最高分以及最高分与最低分之差，查询结果包含"课程号""总分""最低分""最高分""最高分与最低分之差"字段，查询名称命名为"查询8"。

方法一：使用"SQL语句"创建查询。

操作步骤

01 进入查询的SQL视图。打开samp1.accdb数据库文件，单击"创建"选项卡"查询"组中的"查询设计"按钮，关闭弹出的"显示表"对话框，此时，会进入查询的设计视图。单击"查询工具-设计"选项卡"结果"组"视图"按钮的下拉菜单，选择"SQL视图"选项，切换到SQL视图。

02 输入SQL语句。在SQL视图中输入以下SQL语句：
```
SELECT 选课.课程号, Sum(选课.成绩) AS 总分, Min(选课.成绩) AS 最低分, Max(选课.成绩) AS 最高分, Max([成绩])-Min([成绩]) AS 最高分与最低分之差
FROM 选课
GROUP BY 选课.课程号；
```

> **注意：**
> 汇总查询的各总计函数可参见本实训知识链接 6。

03 运行查询。单击"查询工具-设计"选项卡"结果"组的"运行"按钮，运行该查询。此时会切换到数据表视图，在数据表视图中可以查看该查询的结果。

04 保存查询。单击快速访问工具栏上的"保存"按钮或按【Ctrl+S】组合键进行保存，并在弹出的"另存为"对话框中输入表的名称"查询 8"。

方法二：使用"设计视图"创建查询。

操作步骤

01 进入查询的设计视图。打开 samp1.accdb 数据库文件，单击"创建"选项卡"查询"组中的"查询"组中的"查询设计"按钮，进入查询的设计视图。

02 添加表。在弹出的"显示表"对话框，选择表"选课"，单击"添加"按钮。添加完成后，关闭"显示表"对话框。

03 创建汇总查询。单击"查询工具-设计"选项卡"显示/隐藏"组的"汇总"按钮。

04 添加字段。双击"选课"表中的"课程号""成绩"字段。"课程号"字段的总计方式保持不变，为"Group By"，在"成绩"字段"总计"行的下拉菜单中选择"合计"总计方式，修改"字段"行的内容为"总分:成绩"；

继续添加"成绩"字段，并设置总计方式为"最小值"，修改"字段"行的内容为"最低分:成绩"；

继续添加"成绩"字段，并设置总计方式为"最大值"，修改"字段"行的内容为"最高分:成绩"；

再次添加"成绩"字段，并设置总计方式为"Expression"，修改"字段"行的内容为"最高分与最低分之差:Max([成绩])-Min([成绩])"，如图 1-57 所示。

> **注意：**
> 汇总查询的各总计方式含义可参见本实训知识链接 6。

字段	课程号	总分: 成绩	最低分: 成绩	最高分: 成绩	最高分与最低分之差: Max([成绩])-Min([成绩])
表	选课	选课	选课	选课	
总计	Group By	合计	最小值	最大值	Expression
排序					
显示	✓	✓	✓	✓	✓
条件					
或					

图 1-57　Expression 总计方式

05 运行查询。单击"查询工具-设计"选项卡"结果"组的"运行"按钮，运行该查询。此时会切换到数据表视图，在数据表视图中可以查看该查询的结果。

06 保存查询。单击快速访问工具栏上的"保存"按钮或按【Ctrl+S】组合键进行保存，并在弹出的"另存为"对话框中输入表的名称"查询 8"。

知识链接

1. 查询的类型

Access 支持以下五种类型的查询：

1) 选择查询

最常用的查询类型，它可以从数据库的一个或多个表中检索数据，也可以在查询中对记录进行分组，并对记录做总和、计数、求平均值及其他类型的综合计算。

2) 参数查询

利用对话框来提示用户输入查询条件的参数，系统根据所输入的参数找出符合条件的记录。

3) 交叉表查询

将来源于表或查询中的字段进行分组，一组列在数据表的左侧，一组列在数据表的上部，然后在数据表行与列的交叉处显示某个字段统计值。交叉表查询就是利用了表中的行或列来计算数据的总计、平均值、计数或其他类型的总和。

4) 操作查询

选择查询、参数查询和交叉表查询的结果不能更改数据源表或查询中的数据，而操作查询结果将对数据源产生影响或更改数据源表中的记录。使用这种查询只需进行一次操作就可对许多记录进行更改和移动。操作查询主要用于数据库中数据的更新、追加、删除记录及生成新表，使得数据库中数据的维护更便利。操作查询又分为生成表查询、追加查询、更新查询和删除查询四类。

5) SQL 查询

用户使用 SQL 语句创建的查询。SQL（Structure Query Language，结构化查询语言）是在数据库系统中应用最广泛的数据库查询语言。结构化查询语言（SQL）在查询、更新和管理数据库方面有很强的功能。在查询设计视图中创建查询时，Access 将在后台构造等效的 SQL 语句。在查询设计视图的属性表中，大多数的查询属性在"SQL 视图"中都有可用的等效子句和选项。

某些 SQL 查询，称为 SQL 特定查询，不能在设计视图中创建。对于传递查询、数据定义查询和联合查询，必须直接在"SQL 视图"中创建 SQL 语句。对于子查询，要在查询设计网格的"字段"行或"条件"行中输入 SQL 语句。

2. 查询的视图

Access 的查询有三种视图模式：设计视图、数据表视图和 SQL 视图，如图 1-58 所示。

（1）设计视图：又称 QBE（Query By Example，示例查询）用来创建或修改查询的界面。

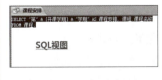

图 1-58　查询的三种视图

（2）数据表视图：是以数据表形式来显示查询操作的结果集。

（3）SQL 视图：用于查看、修改已建立的查询所对应的 SQL 语句，或者直接创建 SQL 语句。

3. 创建查询的方法

建立查询的方法主要有三种方式：

1）使用"查询向导"

利用查询向导创建简单查询、交叉表查询、查找重复项查询和查找不匹配查询。

2）使用"设计视图"

利用查询"设计视图"创建和修改各类查询是建立查询相对便捷的方法。

设计视图分为两部分。

上半部分是表/查询对象显示区，用来显示本查询所使用的基本表或查询（可以是多个表/查询）以及它们之间的关系。

下半部分是查询设计区，又称 QBE（Query By Example，示例查询）用来指定字段以及针对字段的具体的查询条件。

（1）字段：查询中所使用的字段的名称。

（2）表：该字段所来自的数据对象（表或查询）。

（3）排序：确定是否按该字段排序以及按何种方式排序。

（4）显示：确定该字段是否在查询结果集中可见。

（5）条件：用来指定该字段的查询条件。

（6）或：用来提供多个查询条件。

3）使用 SQL 语句

使用 SQL 语句创建查询又称 SQL 查询。SQL 是标准的关系型数据库语言，使用 SQL 语言可以对数据库实施数据定义、数据操作和数据控制及管理。

（1）数据定义功能

① 定义、删除、修改关系模式（基本表）。

② 定义、删除视图（视图）。

③ 定义、删除索引（索引）。

（2）数据操作功能

① 数据查询。

② 数据插入、删除、修改。

（3）数据控制及管理功能

用户访问权限的授予、收回。

（4）SQL 的数据查询功能

数据库查询是数据库的核心操作，SQL 语言提供了 SELECT 语句进行数据查询。该语句的功能强，变化形式较多。

SELECT 查询语句格式如下：

```
SELECT   [DISTINCT]  <列名> [AS 别名] [, <列名>,……]    // 查询结果的目标列名表
FROM   <表名> [, <表名>,……]                          // 要操作的关系表或查询名
[WHERE  <条件表达式>]                                // 查询结果应满足选择或连接条件
```

```
[GROUP BY <列名>[,<列名>… ]  [HAVING< 条件 >]     // 对查询结果分组及分组的条件
[ORDER BY <列名> [ASC|DESC];                    // 对查询结果排序
```

根据 FROM 子句中提供的表，按照 WHERE 子句中的条件（表间的连接条件和选择条件）表达式，从表中找出满足条件的记录。按照 SELECT 子句中给出的目标列，选出记录中的字段值，形成查询结果的数据表。目标列上可以是字段名、字段表达式，也可以是使用汇总函数对字段值进行统计计算。

【说明】

SELECT 子句和 FROM 子句以按【Enter】键表示子句结束，也可以整个句子在一行或多行写，但是整个查询要用分号表示语句结束。

SELECT 子句中"*"号表示检索结果是表中所有字段，<字段列表>表示检索选取的字段，各个字段之间用逗号分隔，系统据此对查询结果进行投影运算。

DISTINCT 用于去掉结果中的重复值。

FROM 子句用于指定查询目标以及 WHERE 子句中所涉及的所有表的名称。

WHERE 子句用于指定查询目标必须满足的条件，系统根据条件进行选择运算。

GROUP BY 用于将结果按照给定的列名分组，分组的附加条件用 HAVING 短语给出。

ORDER BY 子句用于将结果按照指定的字段排序，系统默认的排序依据是升序排序，若对字段值进行降序排列应选择 DESC 选项。

> **注意：**
> 利用"查询向导"和查询"设计视图"建立的查询实质上就是 SQL 语句编写的查询命令。

4．排列原则

升序排列与降序排列的区别在于数据的排列方式不同，它们在数值型数据、字母型数据和时间型数据上的排列方式都有所不同。

（1）对于数值型数据而言，升序排列是把数据从小到大进行排列，而降序排列是把数据从大到小进行排列。比如，对于一组数据"1、3、2、5、4"而言，若升序排列，这组数据就会变成"1、2、3、4、5"；而降序排列，则是"5、4、3、2、1"。

（2）对于字母型数据而言，升序排列是按照字母顺序从 A 到 Z 进行排列，而降序排列则是按照字母顺序从 Z 到 A 进行排列。比如，对于一组字母"A、C、D、B、E"而言，若升序排列，这组字母应该是"A、B、C、D、E"；而降序排列，则是"E、D、C、B、A"。

（3）对于时间型数据而言，升序排列是从最远的时间开始排列，而降序排列则是从最新的时间开始排列。比如，有两个时间，一个是 1 月 3 日，另一个是 1 月 6 日，那么，升序排列就是先排 1 月 3 日，再是 1 月 6 日，而降序排列则正好相反。

5．查询条件

可以在选择查询中设置条件，进行带条件的查询以获得所需要的数据。

1）表达式中常量的写法

常量是指固定的数据。在 Access 中有数字型常量、文本型常量、日期型常量和是否型常量。

数字型常量：直接输入数值，例如，123，123.45。

文本型常量：以双引号括起，例如 " 文理 "，"abc"，"123"。

日期型常量：用符号"#"括起，例如 #2005-10-09#。

是否型常量：使用 yes 或 true 或 -1 或 on 表示"是"；使用 no 或 false 或 0 或 off 表示"否"。

2）表达式中变量的写法

变量是指变化的数据。在 Access 中有字段变量（字段名）和内存变量。

字段变量：字段在条件中出现时，字段名以方括号括起，例如，[姓名]，[性别]。

内存变量：用户自己定义的变量。

3）表达式中常用运算符

运算符是组成条件表达式的基本元素。Access 提供了算术运算符、关系运算符、逻辑运算符、连接运算符。

（1）算术运算符见表 1-9。

表 1-9　算术运算符

算术运算符	含　义	算术运算符	含　义
+	加	^	乘方
-	减	\	整除
*	乘	mod	取余
/	除		

（2）关系运算符见表 1-10。

表 1-10　关系运算符

关系运算符	含　义
>	大于
>=	大于或等于
<	小于
<=	小于或等于
=	等于
<>	不等于
Between…And…	指定值的范围在……到……之间（含等于）
In	指定值属于列表中所列出的值
Is	与 Null 一起使用确定字段值是否为空值
Like	与通配符结合查找文本型字段值是否与其匹配： "？"匹配任意单个字符； "＊"匹配任意多个字符； "#"匹配任意单个数字； "！"不匹配指定的字符； "[字符列表]"匹配任何在列表中的单个字符

（3）逻辑运算符见表 1-11。

表 1-11　逻辑运算符

逻辑运算符	含　义
Not	逻辑非
And	逻辑与
Or	逻辑或

（4）连接运算符见表 1-12。

表 1-12　连接运算符

连接运算符	含　义	示　例	结　果
&	连接文本	"教学班" & "12"	教学班12
+	连接文本	"10" + "612"	10612

注意：

使用"&"时，变量与运算符"&"之间应加一个空格，"&"运算符强制将其两侧的表达式作为字符连接。使用 & 与 + 的区别见表 1-13。

表 1-13　使用 & 与 + 的区别

表 达 式	结　果	表 达 式	结　果
"abcdef" & "12345"	abcdef12345	"abcdef" +12345	出错
"123" & 456	123456	"123" + 456	579

4）表达式中常用的函数

计算表达式不但可以使用数学运算符，还可以使用 Access 内部的函数，Access 系统提供了大量的标准函数，为用户更好地管理和维护数据库提供了极大的便利。

（1）常用数值函数见表 1-14。

表 1-14　常用数值函数

函　数	功　能	示　例	结　果
Abs（数值表达式）	返回数值表达式值的绝对值	Abs（-30）	30
Int（数位表达式）	返回数值表达式值的整数部分值，如果数值表达式的值是负数，返回小于或等于数值表达式值的第一负整数	Int（5.5） Int（-5.5）	5 -6
Fix（数值表达式）	返回数值表达式值的整数部分值，如果数值表达式的值是负数，返回大于或等于数值表达式值的第一负整数	Fix（5.5） Fix（-5.5）	5 -5
Sqr（数值表达式）	返回数值表达式值的平方根值	Sqr（9）	3
Sgn（数值表达式）	返回数值表达式值的符号对应值，数值表达式的值大于0，等于0，小于0，返回值分别为 1，0，-1	Sgn（5.3） Sgn（0） Sgn（-6.5）	1 0 -1
Round（数值表达式1，数值表达式2）	对数值表达式1的值按数值表达式2指定的位数四舍五入	Round（35.57，1） Round（35.52，0）	35.6 36

（2）常用字符函数见表 1-15。

表 1-15　常用字符函数

函　　数	功　　能	示　　例	结　　果
Space(数值表达式)	返回数值表达式值指定的空格个数组成的空字符串	"教学"&Space（2）&"管理"	教学　　管理
String(数值表达式,字符表达式)	返回一个由字符表达式值的第一个字符重复组成的由数值表达式值指定长度的字符串	string（4,"abcdabcdabc d"）	aaaa
Len（字符表达式）	返回字符表达式的字符个数	Len（"教学管理"）	4
Left（字符表达式,数值表达式）	按数值表达式值取字符表达式值的左边子字符串	Left（"数据库管理系统",3）	数据库
Right（字符表达式,数值表达式）	按数值表达式值取字符表达式值的右边子字符串	Right（"数据库管理系统",2)	系统
Mid（字符表达式,数值表达式 1，数值表达式 2）	从字符表达式值中返回以数值表达式 1 规定起点，以数值表达式 2 指定长度的字符串	Mid（"abcd"&"efg",3,3）	cde
Ltrim（字符表达式）	返回去掉字符表达式前导空格的字符串	"教学"&（Ltrim（"　管理"））	教学管理
Rtrim（字符表达式）	返回去掉字符表达式尾部空格的字符串	Rtrim（"教学"）&"管理"	教学管理
Trim（字符表达式）	返回去掉字符表达式前导和尾部空格的字符串	Trim（"教学"）&"管理"	教学管理

（3）常用日期函数见表 1-16。

表 1-16　常用日期函数

函　　数	功　　能	示　　例	结　　果
Date()	返回当前系统日期	Date()	
DateSerial(年,月,日)	返回指定年月日的日期	DateSerial(2014,10,1)	2014/10/1
Month(日期表达式)	返回日期表达式对应的月份值	Month(#2010-03-02#)	3
Year(日期表达式)	返回日期表达式对应的年份值	Year(#2010-03-02#)	2010
Day(日期表达式)	返回日期表达式对应的日期值	Day(#2010-03-02#)	2
Weekday(日期表达式,数值表达式)	返回日期表达式对应的星期值	Weekday(#2017-03-28#，2)	2

（4）常用统计函数见表 1-17。

表 1-17　常用统计函数

函　　数	功　　能	示　　例	结　　果
Sum（字符表达式）	返回字符表达式所对应的数字型字段的列值的总和	Sum([成绩])	计算成绩字段列的总和
Avg（字符表达式）	返回字符表达式所对应的数字型字段的列中所有值的平均值。Null 值将被忽略	Avg([成绩])	计算成绩字段列的平均值

续表

函　　数	功　　能	示　　例	结　　果
Count（字符表达式） Count（*）	返回含字段表达式列中值的数目或者表或组中所有行的数目。Count(*) 在计数时包括空值 (NULL)，但是，Count(数值表达式) 将不把空值 (NULL) 计算在内	Count([成绩])	统计有成绩的学生人数
Max（字符表达式）	返回含字段表达式列中的最大值（对于文本数据类型，按字母排序的最后一个值）。忽略空值	Max([成绩])	返回成绩字段列的最大值
Min（字符表达式）	返回含字段表达式列中的最小值（对于文本数据类型，按字母排序的第一个值）。忽略空值	Min([成绩])	返回成绩字段列的最小值

（5）常用域聚合函数见表 1-18。

表 1-18　常用域聚合函数

函　　数	功　　能	示　　例	结　　果
DSum(字符表达式 1, 字符表达式 2[, 字符表达式 3])	返回指定记录集的一组值的总和	DSum(" 成绩 "," 选课 ",[学号]="10150226"）	求"选课"表中学号为"10150226"的学生选修课程的总分
DAvg(字符表达式 1, 字符表达式 2[, 字符表达式 3])	返回指定记录集的一组值的平均值	DAvg(" 成绩 "," 选课 ",[课程号]="TC01")	求"选课"表中课程号为"TC01"的课程的平均分
DCount(字符表达式 1, 字符表达式 2[, 字符表达式 3])	返回指定记录集的记录数	DCount(" 学号 "," 学生 ",[性别]=" 男 ")	统计"学生"表中男同学人数
DMax(字符表达式 1, 字符表达式 2[, 字符表达式 3])	返回一列数据的最大值	DMax(" 成绩 "," 选课 ",[课程号]="TC01")	求"选课"表中课程号为"TC01"的课程的最高分
DMin(字符表达式 1, 字符表达式 2[, 字符表达式 3])	返回一列数据的最小值	DMin(" 成绩 "," 选课 ",[课程号]="TC01")	求"选课"表中课程号为"TC01"的课程的最低分
DLookup(字符表达式 1, 字符表达式 [, 字符表达式 3])	查找指定记录集中特定字段的值	DLookup(" 姓名 "," 教师 ",[教师编号]="13001")	查找"教师"表中教师编号为"13001"的教师的姓名

注意：

字符表达式 1 指定计算对象（字段名、窗体或报表的控件名等）。字符表达式 2 指定表名称或查询名称。字符表达式 3 为可选项，如果不选此项，则对整个域（记录集）进行计算。字符表达式 3 中用到的字段名必须包含在字符表达式 2 指定的表或查询中，否则函数返回 NULL。

5）表达式中的优先级：从左到右计算

函数→算术运算符→连接运算符→关系运算符→逻辑运算符

其中：

（1）算术运算符的优先级：乘方→乘和除→整除→取余→加和减。

（2）关系运算符的优先级相同。

（3）逻辑运算符的优先顺序：逻辑非（Not）→逻辑与（And）→逻辑或（Or）。

（4）可用括号来改变运算的优先级，括号内的运算总是优于括号外的运算。

6. 汇总查询

在实际应用中，常常需要对记录或字段进行分类汇总统计。Access 查询提供了利用函数建立总计查询的方式，总计查询可以对查询中的某列进行分组（Group By）、合计（Sum）、平均值（Avg）、计数（Count）、最小值（Min）和最大值（Max）等计算。

总计项可分为四类，分别是函数、分组、表达式以及限制条件。

1）函数

合计（Sum）：计算组中该字段所有值的和（总分、总工资）；

平均值（Avg）：计算组中该字段的算术平均值；

最小值（Min）：返回组中该字段的最小值；

最大值（Max）：返回组中该字段的最大值；

计数（Count）：返回行的合计（人数）；

标准差（StDev）：计算组中该字段所有值的统计标准差；

方差（Var）：计算组中该字段所有值的统计方差；

第一条记录（First）：返回该字段的第一个值；

最后一条记录（Last）：返回该字段的最后一个值。

2）分组

分组（Group By）对记录分组。例如，按性别将学生分成两组。

3）表达式

表达式（Expression）字段框内设置的是函数运算的表达式，它在来源表中不存在，字段值由公式计算得到。

4）限制条件

可以在条件（Where）字段的条件框内设置条件表达式，且该字段不能被显示。

7. 创建计算字段

计算字段是指根据一个或多个表中的一个或多个字段使用表达式建立的新字段名称。有时需要统计的数据在表中又没有相应的字段，或者用于计算的数据值来源于多个字段，就需要创建计算字段。

新计算字段的格式为："新字段名:[表或查询名称].[字段名称]"。

拓展训练

1. 学生信息查询

打开 Exercise1.accdb 数据库文件，数据库中已创建 tScore 表，tStud 表，tCourse 表，tTemp 表，按照以下要求完成操作：

（1）创建查询，查找所有简历为空的学生"学号""姓名"，所建查询名为 QX1。

（2）创建查询，查找姓"张"的同学的"学号""姓名""年龄""简历"信息，所建查询名为 QX2。

（3）创建查询，查找年龄小于 18 岁的学生"学号""姓名""所属院系"，所建查询名为 QX3。

（4）创建查询，查找先修课程为"s0201"并且学分大于 3 的课程名和学分，所建查询名为 QX4。

（5）创建查询，查找并显示有"绘画"爱好的学生"学号""姓名""年龄""入校时间""简历"五个字段内容，所建查询名为 QX5。

（6）创建查询，查找入校时间在 1999 年之前的，或者年龄大于 20 岁的学生"学号""姓名""简历"三个字段内容，所建查询名为 QX6。

2. 学生信息统计

打开 Exercise2.accdb 数据库文件，数据库中已创建 tScore 表、tStud 表、tCourse 表、tTemp 表，按照以下要求完成操作：

（1）创建查询，按学号统计学生的各门课程总成绩，并按总成绩降序排列，显示标题为"学号""总成绩"，所建查询名为 QX1。

（2）创建查询，按性别统计男女生的最大年龄，显示标题为"性别""最大年龄"，所建查询名为 QX2。

（3）创建查询，统计 03 院系的所有学生的平均年龄，所建查询名为 QX3。

（4）创建查询，按院系统计各院系中的最小年龄，显示标题为"院系""最小年龄"，所建查询名为 QX4。

（5）创建查询，统计人数在 6 人以上的院系人数，显示标题为"院系号""人数"，所建查询名为 QX5。

（6）创建查询，统计"03""04"院系的学生总人数，显示标题为"03、04 院系总人数"，所建查询名为 QX6。

实训六 多表选择查询

多表选择查询是指从多个数据表中，根据给定的查询条件，检索所需数据。与单表选择查询一样，多表选择查询也可以使用条件表达式来限制查询结果，对检索出的数据进行排序、分组、总计、计数、平均值以及其他类型的汇总查询。

实训目的

（1）知道查询的三种连接类型。
（2）了解三种不同的连接类型对查询的影响。
（3）掌握创建多表选择查询（连接查询、不匹配项查询）的 SQL 语句，以及使用"设计视图"创建多表选择查询的方法。

实训分析

本实训以学生管理数据库中的多个数据表为例，介绍连接查询、不匹配项查询的查询操作方法。值得注意的是，建立多表查询前，必须建立多个表之间的关系。

实训内容

打开 samp2.accdb 数据库文件，完成以下查询。

1. 连接查询

创建查询，查询学生的课程成绩，并显示"学生"表中的"姓名""性别"字段，"课程"表中的"课程名称"字段，"选课"表中的"成绩"字段的信息。查询名称命名为"查询 1"。

方法一：使用"SQL 语句"创建查询。

操作步骤

01 进入查询的 SQL 视图。打开 samp2.accdb 数据库文件，单击"创建"选项卡"查询"组中的"查询设计"按钮，关闭弹出的"显示表"对话框，此时，会进入查询的设计视图。单击"查询工具-设计"选项卡"结果"组"视图"按钮的下拉菜单，选择"SQL 视图"选项，切换到 SQL 视图。

02 输入 SQL 语句。在 SQL 视图中输入以下 SQL 语句：

```
SELECT 学生.姓名, 学生.性别, 课程.课程名称, 选课.成绩
FROM (学生 INNER JOIN 选课 ON 学生.学号 = 选课.学号) INNER JOIN 课程 ON 选课.课程号 = 课程.课程号;
```

> **注意：**
> 连接查询（即内部连接查询）的 SELECT 查询语句格式可参见本实训知识链接 1。

03 运行查询。单击"查询工具-设计"选项卡"结果"组的"运行"按钮，运行该查询。此时会切换到数据表视图，在数据表视图中可以查看该查询的结果。

04 保存查询。单击快速访问工具栏上的"保存"按钮或按【Ctrl+S】组合键进行保存，并在弹出的"另存为"对话框中输入表的名称"查询 1"。

方法二：使用"设计视图"创建查询。

操作步骤

01 进入查询的设计视图。打开 samp2.accdb 数据库文件，单击"创建"选项卡"查询"组中的"查询设计"按钮，进入查询的设计视图。

02 添加表。在弹出的"显示表"对话框，选择"学生"表、"课程"表和"选课"表，单击"添加"按钮。添加完成后，关闭"显示表"对话框。

03 建立表间关系。将"课程"表中"课程号"字段拖动至"选课"表中的"课程号"字段上，"学生"表中"学号"字段拖动至"选课"表中的"学号"字段上，如图 1-59 所示。

注意：
若数据库中的各表之间已创建关系，则可以跳过这一步，直接添加字段。

图 1-59　建立表间关系

04 添加字段。双击"学生"表中的"姓名""性别"字段，"课程"表中的"课程名称"字段以及"选课"表中的"成绩"字段。

05 运行查询。单击"查询工具 - 设计"选项卡"结果"组的"运行"按钮，运行该查询。此时会切换到数据表视图，在数据表视图中可以查看该查询的结果。

06 保存查询。单击快速访问工具栏上的"保存"按钮或按【Ctrl+S】组合键进行保存，并在弹出的"另存为"对话框中输入表的名称"查询 1"。

2. 不匹配项查询

创建查询，显示没有选课的学生的姓名，所建查询名称为"查询 2"。

方法一：使用"SQL 语句"创建查询。

操作步骤

01 进入查询的 SQL 视图。打开 samp2.accdb 数据库文件，单击"创建"选项卡"查询"组中的"查询设计"按钮，关闭弹出的"显示表"对话框，此时，会进入查询的设计视图。单击"查询工具 - 设计"选项卡"结果"组"视图"按钮的下拉菜单，选择"SQL 视图"选项，切换到 SQL 视图。

02 输入 SQL 语句。在 SQL 视图中输入以下 SQL 语句：

```
SELECT 学生.姓名，选课.学号
FROM 学生 LEFT JOIN 选课 ON 学生.学号 = 选课.学号
WHERE (((选课.学号) Is Null));
```

注意：
不匹配项查询（即左连接查询）的 SELECT 查询语句格式可参见本实训知识链接 2。

03 运行查询。单击"查询工具 - 设计"选项卡"结果"组的"运行"按钮，运行该查询。此时会切换到数据表视图，在数据表视图中可以查看该查询的结果。

04 保存查询。单击快速访问工具栏上的"保存"按钮或按【Ctrl+S】组合键进行保存，并在弹出的"另存为"对话框中输入表的名称"查询2"。

方法二：使用"设计视图"创建查询。

操作步骤

01 进入查询的设计视图。打开 samp2.accdb 数据库文件，单击"创建"选项卡"查询"组中的"查询设计"按钮，进入查询的设计视图。

02 添加表。在弹出的"显示表"对话框，选择"学生"表和"选课"表，单击"添加"按钮。添加完成后，关闭"显示表"对话框。

03 建立表间关系。将"学生"表中"学号"字段拖动至"选课"表中的"学号"字段上。

04 设置连接属性。双击关系连接线，在弹出的"连接属性"对话框中选择"2"选项按钮，单击"确定"按钮，如图 1-60 所示，表示查询结果包括"学生"表中的所有记录和"选课"表中连接字段相等的那些记录。左连接对查询结果的影响可参见本实训知识链接 2。

05 选择字段。双击"学生"表中的"姓名"字段，"选课"表中的"学号"字段，并在"学号"字段的"条件"行中输入"is null"（大小写无关），如图 1-61 所示。

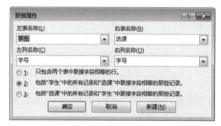

图 1-60　连接属性

图 1-61　没有选课的学生姓名

06 运行查询。单击"查询工具 - 设计"选项卡"结果"组的"运行"按钮，运行该查询。此时会切换到数据表视图，在数据表视图中可以查看该查询的结果。

07 保存查询。单击快速访问工具栏上的"保存"按钮或按【Ctrl+S】组合键进行保存，并在弹出的"另存为"对话框中输入表的名称"查询2"。

知识链接

1. 内部连接

内部连接：是系统默认的连接类型，通常连接查询指的是内部连接查询。即连接属性中选项1，如图 1-62 所示，它只包括两个表的关联字段相等的记录。如学生表和选课表通过"学号"定义为内部连接，则两个表中学号值相同的记录才会被显示。

内部连接的 SQL 语句格式：

```
SELECT  [DISTINCT]  <列名> [AS 别名] [, <列名>,……]  // 查询结果的目标列名表
FROM  <表名1> INNER JOIN <表名2> ON <表名1>.<主键> = <表名2>.<主键> [INNER JOIN……]
                                                           // 连接的依据
[WHERE <条件表达式>]                       // 查询结果应满足选择或连接条件
[GROUP BY <列名>[,<列名>…… ] [HAVING< 条件>]   // 对查询结果分组及分组的条件
[ORDER BY <列名> [ASC|DESC];              // 对查询结果排序
```

内部连接的连接方式：关系连接线两端的表进行连接，两个表各取一个记录，在连接字段上进行字段值的连接匹配，若字段相等，查询将合并这两个匹配的记录，从中选取需要的字段组成一个记录，显示在查询的结果中。若字段值不匹配，则查询不到结果。两个表的每个记录之间都要进行连接匹配，即一个表有m条记录，另一个表有n条记录，则两个表的连接匹配次数为n×m次。查询结果的记录条数等于字段值匹配相等记录。

2. 左连接

左连接：连接查询结果是左表名称框中的表或查询的所有记录，与右表名称框中的表或查询中连接字段相等的记录。即连接属性中选项2，如图1-62所示，它包括主表的所有记录和子表中与主表关联字段相等的那些记录。如学生表和选课表通过"学号"定义为左连接，则学生表的所有记录以及选课表中与学生表的"学号"字段值相同的记录才会被显示。

左连接的SQL语句格式：

```
SELECT  [DISTINCT]  <列名> [AS 别名] [,<列名>,……]  //查询结果的目标列名表
FROM  <表名1> LEFT JOIN <表名2> ON <表名1>.<主键> = <表名2>.<主键> [INNER JOIN……]
                                                //连接的依据
[WHERE <条件表达式>]                              //查询结果应满足选择或连接条件
[GROUP BY <列名>[,<列名>…… ] [HAVING<条件>]      //对查询结果分组及分组的条件
[ORDER BY <列名> [ASC|DESC];                     //对查询结果排序
```

左连接的联接方式：关系连接线一边的表（没有箭头指向的表，如课程表）的所有记录，与另一边的表（箭头指向的表，如选课表）的记录做匹配连接。

3. 右连接

右连接：连接查询结果是右表名称框中的表或查询的所有记录，与左表名称框中的表或查询中连接字段相等的记录。即连接属性中选项3，如图1-62所示，它包括子表的所有记录和主表中关联字段相等的那些记录。如学生表和选课表通过"学号"定义为右连接，则选课表的所有记录以及学生表中与选课表的"学号"字段值相同的记录才会被显示。

右连接的SQL语句格式：

```
SELECT  [DISTINCT]  <列名> [AS 别名] [,<列名>,……]  //查询的结果的目标列名表
FROM  <表名1> RIGHT JOIN <表名2> ON <表名1>.<主键> = <表名2>.<主键> [INNER JOIN……]
                                                //连接的依据
[WHERE <条件表达式>]                              //查询结果应满足选择或连接条件
[GROUP BY <列名>[,<列名>…… ] [HAVING<条件>]      //对查询结果分组及分组的条件
[ORDER BY <列名> [ASC|DESC];                     //对查询结果排序
```

右连接和左连接的连接方式类似，此处不再赘述。

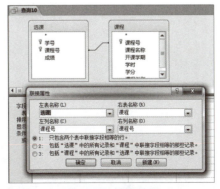

图1-62 连接属性

拓展训练

1. 旅游线路查询

打开 Exercise3.accdb 数据库文件，数据库中已创建 tBand 表、tLline 表。并按照以下要求完成操作：

（1）创建查询，查找线路信息，显示"线路ID""线路名""天数""导游姓名"四个字段内容，所建查询名称为 QX1。

（2）创建查询，查找 12 月份出发的线路信息，显示"线路名""天数""费用"三个字段内容，所建查询名称为 QX2。

（3）创建查询，查找费用高于 3 000 元（不包含 3 000），或者天数大于 5 天的线路信息，显示标题为"线路名""天数""出发时间""费用"四个字段信息，所建查询名称为 QX3。

（4）创建查询，出发时间为第四季度的线路信息，显示"线路ID""线路名"两个字段内容，所建查询名称为 QX4。

（5）创建查询，查询"刘河"导游所带的团队费用，并按费用升序排列显示结果，所建查询名称为 QX5。

2. 医院预约情况查询

打开 Exercise4.accdb 数据库文件，数据库中已创建 tDoctor 表、tOffice 表、tPatient 表、tSubscribe 表。按照以下要求完成操作：

（1）创建查询，统计没有预约过的病人的"姓名""年龄"两个字段内容，所建查询名称为 QX1。

（2）创建查询，查找 2004 年 10 月来看过病的病人"姓名""性别""地址"内容，所建查询名称为 QX2。

（3）创建查询，统计没有被预约过的医生的"姓名""年龄""职称"三个字段内容，并按医生职称升序排序，所建查询名称为 QX3。

（4）创建查询，统计预约过三次以上（包含三次）的病人，输出"病人ID""姓名""联系电话"，所建查询名称为 QX4。

（5）创建查询，按科室统计，预约的病人总数，显示标题设置为"科室名称""预约总数"，所建查询名称为 QX5。

实训七　操作查询

在前面介绍的几种查询方法都是根据特定的查询条件，从数据源中产生符合条件的动态数据集，本身并没有改变表中的原有数据，它们都属于选择查询。而操作查询是在选择查询的基础上创建的，可对数据源中的数据进行追加、删除、更新，并可在选择查询的基础上创建新表，具有选择查询、参数查询的特性。

操作查询与选择查询的另一个不同是，打开选择查询，就能够直接显示查询结果；而打开操作查询，运行追加、删除、更新等操作查询，不直接显示操作查询结果，只有打开操作的目的表（更新、追加、删除、生成的表），才能看到操作查询的结果。

操作查询将改变操作目的表中的数据，因此，为了避免误操作引起的数据丢失，在执行操作查询前应做好数据库或表的备份。

实训目的

（1）知道操作查询的四种类型。
（2）了解操作查询操作的注意事项。
（3）掌握操作查询的创建、修改及查看的方法。

实训分析

本实训以学生管理数据库中的多个数据表为例，介绍追加查询、删除查询、更新查询和生成表查询的四种操作查询方法。

实训内容

打开 samp3.accdb 数据库文件，完成以下查询。

1. 追加查询

创建查询，将 tStudent-new 表中年龄为 18 岁的学生的"学号""姓名""年龄""性别""入校时间""党员否"字段信息插入到 tStudent 表中。查询名称命名为"查询 1"。

方法一：使用"SQL 语句"创建查询。

操作步骤

01 进入查询的 SQL 视图。打开 samp3.accdb 数据库文件，单击"创建"选项卡"查询"组中的"查询设计"按钮，关闭弹出的"显示表"对话框，此时，会进入查询的设计视图。单击"查询工具-设计"选项卡"结果"组"视图"按钮的下拉菜单，选择"SQL 视图"选项，切换到 SQL 视图。

02 输入 SQL 语句。在 SQL 视图中输入以下 SQL 语句：
```
INSERT INTO tStudent ( 学号, 姓名, 年龄, 性别, 入校时间, 党员否 )
SELECT [tStudent-new].学号, [tStudent-new].姓名, [tStudent-new].年龄,
[tStudent-new].性别, [tStudent-new].入校时间, [tStudent-new].党员否
FROM [tStudent-new]
WHERE ((([tStudent-new].年龄)=18));
```

03 运行查询。单击"查询工具-设计"选项卡"结果"组的"运行"按钮，运行该查询。

04 保存查询。单击快速访问工具栏上的"保存"按钮或按【Ctrl+S】组合键进行保存,并在弹出的"另存为"对话框中输入表的名称"查询1"。

方法二:使用"设计视图"创建查询。

操作步骤

01 进入查询的设计视图。打开 samp3.accdb 数据库文件,单击"创建"选项卡,选择"查询"组中的"查询设计"按钮,进入查询的设计视图。

02 添加表。在弹出的"显示表"对话框,选择 tStudent-new 表,单击"添加"按钮。添加完成后,关闭"显示表"对话框。

03 切换查询类型。单击"设计"选项卡"查询类型"组中的"追加"按钮,在弹出的"追加"对话框中,选择追加到的表名称为 tStudent 表,如图 1-63 所示。

04 添加字段。双击 tStudent-new 表中的"学号""姓名""年龄""性别""入校时间""党员否"字段。

05 添加条件。在"年龄"字段对应的"条件"行中输入查询条件"18"。

06 运行查询。单击"设计"选项卡"结果"组中的"运行"按钮,弹出如图 1-64 所示对话框,提示追加的记录行数,单击"是"按钮。确认追加后,将不能用"撤销"命令来恢复更改。

图 1-63 "追加"对话框

图 1-64 追加记录确认警告框

需要注意的是,"运行"按钮只需单击一次即可,多次单击会弹出如图 1-65 所示的对话框,提示追加失败。

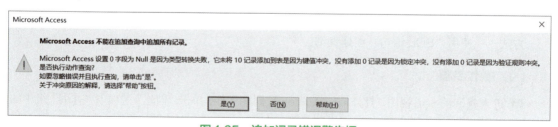

图 1-65 追加记录错误警告框

07 保存查询。单击快速访问工具栏上的"保存"按钮,保存为"查询1"。

08 查看操作结果。打开被追加的 tStudent 表,显示由 20 条记录变成了 26 条。如果 tStudent 表本身处于打开状态,记录没有实时更新,可以单击"开始"选项卡"记录"组中的"全部刷新"按钮,刷新记录后即可显示最终结果。

2. 删除查询

创建查询,将 tStudent-new 表中非党员的男生信息删除。查询名称命名为"查询2"。

方法一：使用"SQL 语句"创建查询。

操作步骤

01 进入查询的 SQL 视图。打开 samp3.accdb 数据库文件，单击"创建"选项卡"查询"组中的"查询设计"按钮，关闭弹出的"显示表"对话框，此时，会进入查询的设计视图。单击"查询工具 - 设计"选项卡"结果"组 "视图"按钮的下拉菜单，选择"SQL 视图"选项，切换到 SQL 视图。

02 输入 SQL 语句。在 SQL 视图中输入以下 SQL 语句：
DELETE [tStudent-new].性别 , [tStudent-new].党员否
FROM [tStudent-new]
WHERE ((([tStudent-new].性别)=" 男 ") AND (([tStudent-new].党员否)=False));
03 运行查询。单击"查询工具 - 设计"选项卡"结果"组的"运行"按钮，运行该查询。
04 保存查询。单击快速访问工具栏上的"保存"按钮或按【Ctrl+S】组合键进行保存，并在弹出的"另存为"对话框中输入表的名称"查询 2"。

方法二：使用"设计视图"创建查询。

操作步骤

01 进入查询的设计视图。打开 samp3.accdb 数据库文件，单击"创建"选项卡，选择"查询"组中的"查询设计"按钮，进入查询的设计视图。

02 添加表。在弹出的"显示表"对话框，选择 tStudent-new 表，单击"添加"按钮。添加完成后，关闭"显示表"对话框。

03 切换查询类型。单击"设计"选项卡"查询类型"组中的"删除"按钮。

04 添加字段。双击 tStudent-new 表中的"性别""党员否"字段。

05 添加条件。在"年龄"字段对应的"条件"行中输入查询条件""男 ""，在"党员否"字段对应的"条件"行中输入查询条件"False"。

06 运行查询。单击"设计"选项卡"结果"组中的"运行"按钮，弹出如图 1-66 所示对话框，提示删除的记录行数，单击"是"按钮。确认删除后，将不能用"撤销"命令来恢复更改。同追加查询一样，"运行"按钮只需单击一次即可，多次单击也会提示失败。

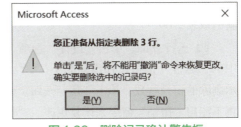

图 1-66　删除记录确认警告框

07 保存查询。单击快速访问工具栏上的"保存"按钮，保存为"查询 2"。

08 查看操作结果。打开被删除的 tStudent-new 表，显示由 10 条记录变成了 7 条。如果 tStudent-new 表本身处于打开状态，记录没有实时更新，可以单击"开始"选项卡"记录"组中的"全部刷新"按钮，刷新记录后即可显示最终结果。

3. 更新查询

创建查询，将高等数学成绩在 50 至 60 分之间的成绩更新为 60 分。查询名称命名为"查询 3"。

方法一：使用"SQL 语句"创建查询。

🌏 操作步骤

01 进入查询的 SQL 视图。打开 samp3.accdb 数据库文件，单击"创建"选项卡"查询"组中的"查询设计"按钮，关闭弹出的"显示表"对话框，此时，会进入查询的设计视图。单击"查询工具 - 设计"选项卡"结果"组"视图"按钮的下拉菜单，选择"SQL 视图"选项，切换到 SQL 视图。

02 输入 SQL 语句。在 SQL 视图中输入以下 SQL 语句：
UPDATE tCourse INNER JOIN tScore ON tCourse.课程编号 = tScore.课程编号 SET tScore.成绩 = 60
　　WHERE (((tCourse.课程名)="高等数学") AND ((tScore.成绩)>50 And (tScore.成绩)<60));

03 运行查询。单击"查询工具 - 设计"选项卡"结果"组的"运行"按钮，运行该查询。

04 保存查询。单击快速访问工具栏上的"保存"按钮或按【Ctrl+S】组合键进行保存，并在弹出的"另存为"对话框中输入表的名称"查询 3"。

方法二：使用"设计视图"创建查询。

🌏 操作步骤

01 进入查询的设计视图。打开 samp3.accdb 数据库文件，单击"创建"选项卡，选择"查询"组中的"查询设计"按钮，进入查询的设计视图。

02 添加表。在弹出的"显示表"对话框，选择 tScore 表和 tCourse 表，单击"添加"按钮。添加完成后，关闭"显示表"对话框。

03 切换查询类型。单击"设计"选项卡"查询类型"组中的"更新"按钮。

04 添加字段。双击 tCourse 表中的"课程名"字段和"tScore"表中的"成绩"字段。

05 添加条件。在"课程名"字段对应的"条件"行中输入查询条件""高等数学""，在"成绩"字段对应的"条件"行中输入查询条件">50 And <60"，并在"更新为："行中输入更新的成绩"60"。

06 运行查询。单击"设计"选项卡"结果"组中的"运行"按钮，弹出如图 1-67 所示对话框，提示删除的记录行数，单击"是"按钮。确认删除后，将不能用"撤销"命令来恢复更改。"运行"按钮只需单击一次即可，多次单击会提示更新 0 行。

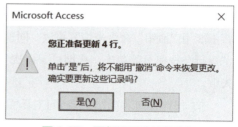

图 1-67　更新记录确认警告框

07 保存查询。单击快速访问工具栏上的"保存"按钮，保存为"查询 3"。

08 查看操作结果。打开被更新的 tScore 表，可以通过筛选或者新建选择查询查看更新记录，显示高等数学成绩 50 以上 60 以下的数据为 0，表示已经将高等数学成绩在 50 至 60 分之间的成绩更新为 60 分。

4. 生成表查询

创建查询，查询生成成绩低于 60 分的"不及格表"，并显示 tStudent 表中的"姓名"字段、

tCourse 表中的"课程名"字段和 tScore 表中的"成绩"字段。查询名称命名为"查询4"。

方法一：使用"SQL 语句"创建查询。

操作步骤

01 进入查询的 SQL 视图。打开 samp3.accdb 数据库文件，单击"创建"选项卡"查询"组中的"查询设计"按钮，关闭弹出的"显示表"对话框，此时，会进入查询的设计视图。单击"查询工具-设计"选项卡"结果"组"视图"按钮的下拉菜单，选择"SQL 视图"选项，切换到 SQL 视图。

02 输入 SQL 语句。在 SQL 视图中输入以下 SQL 语句：
```
SELECT tStudent.姓名，tCourse.课程名，tScore.成绩 INTO 不及格表
FROM tStudent INNER JOIN (tCourse INNER JOIN tScore ON tCourse.课程编号 = tScore.课程编号) ON tStudent.学号 = tScore.学号
WHERE (((tScore.成绩)<60));
```

03 运行查询。单击"查询工具-设计"选项卡"结果"组的"运行"按钮，运行该查询。

04 保存查询。单击快速访问工具栏上的"保存"按钮或按【Ctrl+S】组合键进行保存，并在弹出的"另存为"对话框中输入表的名称"查询4"。

方法二：使用"设计视图"创建查询。

操作步骤

01 进入查询的设计视图。打开 samp3.accdb 数据库文件，单击"创建"选项卡，选择"查询"组中的"查询设计"按钮，进入查询的设计视图。

02 添加表。在弹出的"显示表"对话框，选择 tStudent 表、tCourse 表和 tScore 表，单击"添加"按钮。添加完成后，关闭"显示表"对话框。

03 切换查询类型。单击"设计"选项卡"查询类型"组中的"生成表"按钮，在弹出的"生成表"对话框中，设置生成新表的表名称为"不及格表"，如图 1-68 所示。

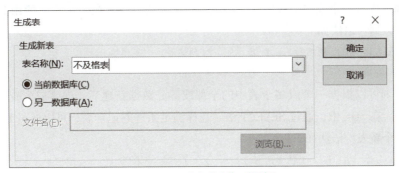

图 1-68 "生成表"对话框

04 添加字段。双击 tStudent 表中的"姓名"字段、tCourse 表中的"课程名"字段和 tScore 表中的"成绩"字段。

05 添加条件。在"成绩"字段对应的"条件"行中输入查询条件"<60"。

06 运行查询。单击"设计"选项卡"结果"组中的"运行"按钮，弹出如图 1-69 所示对话框，提示新生成表的记录行数，单击"是"按钮。确认生成后，将不能用"撤销"命令来恢复更改。"运行"按钮只需单击一次即可，多次单击会提示需要将已有的表删除，如图 1-70 所示。

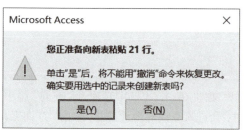

图 1-69　生成表确认警告框

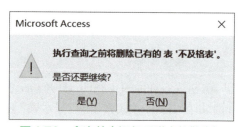

图 1-70　多次单击运行后弹出的警告框

07 保存查询。单击快速访问工具栏上的"保存"按钮，保存为"查询 4"。

08 查看操作结果。打开生成的新表"不及格表"，显示由二十一条不及格记录构成。

知识链接

1. 追加查询

追加查询是指将一个或多个表中满足条件的一组记录添加到一个或多个表的末尾，以达到插入数据的目的。在 SQL 中，使用 INSERT INTO 语句向表格中插入新的行。语法如下：

INSERT INTO 表名称 VALUES (值1, 值2,……)

也可以指定所要插入数据的列：

INSERT INTO table_name (列1, 列2,……) VALUES (值1, 值2,……)

2. 删除查询

删除查询可以从一个或多个表中删除一组记录。使用删除查询，通常会删除整个记录，而不只是记录中所选择的字段。在 SQL 中，使用 DELETE 语句删除表中的行。语法如下：

DELETE FROM 表名称 WHERE 列名称 = 值

3. 更新查询

更新查询可以对一个或多个表中的一组记录作全局的更改。在 SQL 中，使用 Update 语句用于修改表中的数据。语法如下：

UPDATE 表名称 SET 列名称 = 新值 WHERE 列名称 = 某值

4. 生成表查询

生成表查询可以根据一个或多个表中的全部或部分数据新建表。即生成表查询运行结果是生成一个新表。在 SQL 中，通过 SELECT 语句选择满足条件的记录后，可以通过 INTO 插入新表中，即生成一个新表。语法如下：

SELECT 表名称 VALUES (值1, 值2,……)　INTO 新表名

拓展训练

1. 学生课程查询

打开 Exercise5.accdb 数据库文件，数据库中已创建 tCourse 表、tScore 表、tStud 表和 tTemp 表，按照以下要求完成操作：

（1）创建查询，将 tStud 表中的"学号""姓名"和 tScore 表中的"课程号""成绩"字段的内容追加到目标 tTemp 表对应字段内，所建查询名称为 QX1，并运行该查询，注意"姓名"

字段的第一个字符为姓，后面剩余字符为名。

（2）创建查询，将 tCourse 表中"学分"字段记录值为 1 的记录的学分都修改为 2，所建查询名称为 QX2。

（3）创建查询，将 tCourse 表中课程名为"数学"和"物理"的"学分"的记录值都上调 20%，所建查询名称为 QX3。

（4）创建查询，调整课程名为"数据库"的成绩，新成绩为原始成绩乘上系数 0.8，所建查询名称为 QX4。

（5）创建查询，删除 tTemp 表中课程号为"S0101"的"成绩"低于 85 分的记录，所建查询名称为 QX5。

（6）创建查询，删除 tTemp 表中名字中含有"红"字的记录，所建查询名称为 QX6。

（7）创建查询，删除 tTemp 表中姓"李"的学生，且课程号为"S01"开头的记录，所建查询名称为 QX7。

（8）创建查询，将 tTemp 表中成绩低于 85 的所有记录查找出来，并生成为一张名为 new-tTemp 的新表，所建查询名为 QX8。

2. 员工信息查询

打开 Exercise6.accdb 数据库文件，数据库中已创建 tSalary 表、tStaff 表、tTemp 表和 tTemp1 表，按照以下要求完成操作：

（1）创建查询，删除 tTemp 表中 20 岁以下的职员信息，所建查询名称为 QX1。

（2）创建查询，将简历中"组织能力强"的员工的职务修改为"经理助理"，所建查询名称为 QX2。

（3）创建查询，将 2005 年 12 月全部职员的工资信息，追加到 tTemp1 表中，所建查询名称为 QX3。

（4）创建查询，将所有的男职员年龄加 1，所建查询名称为 QX4。

（5）创建查询，运行该查询后生成一个新表，表名为 tTemp2，表结构为"姓名""性别""职务""聘用时间"，表的内容为具有"绘画"爱好职员的信息，所建查询名称为 QX5。

（6）创建查询，将职务为"经理助理"的员工工资增加 1 000 元，所建查询名称为 QX6。

（7）创建查询，将 tTemp1 表中水电房租费在 210 至 250 之间，并且工资在 1 800 以上的记录删除，所建查询名称为 QX7。

（8）创建查询，将 tTemp2 表中职务为"职员"的记录删除，所建查询名称为 QX8。

实训八　房产信息管理系统设计

随着我国房地产市场规模的不断扩大，房源的信息量也成倍增长，人工进行房源数据的搜集和处理等操作烦琐而复杂，为了更科学化、规范化、网络化地对房产信息进行管理，加速查询速度，设计一套房产信息管理系统是非常有必要的。

要实现一个数据库系统的设计，从宏观上来看，一般要经过需求分析、概念设计、逻辑结构设计和物理设计等步骤；从具体操作上来看，还会涉及数据的收集与分配、程序的调试与试运行、书写任务说明书等。本实训主要介绍 E-R 模型设计的过程、E-R 模型转化成关系模型的方法、数据表结构设计以及信息查询的设计。

实训目的

（1）知道数据库系统设计的各阶段任务。
（2）了解基于 Access 开发小型数据库管理系统的过程。
（3）掌握数据库管理系统的 E-R 模型设计、关系模型设计、数据表结构设计以及信息查询的设计。

实训分析

房产信息管理系统用来管理与房源相关的各种数据，能够实现房源、客户、业务员以及房产销售等相关数据的信息化、规范化的功能。

房产信息管理系统的需求分析如下：
（1）房源信息的录入、更新、删除和查询。
（2）客户信息的录入、更新、删除和查询。
（3）业务员信息的录入、更新、删除和查询。
（4）房产销售信息的录入、更新、删除和查询。

实训内容

1. E-R 模型设计

根据"房产信息管理系统"的业务需求，可以进行以下规划：
（1）实体：房源、客户、业务员。
（2）属性：房源（房源代码、详细地址、户型、总面积、成本单价……）。
　　　　　　客户（客户代码、姓名、性别、民族、工作单位、电话号码……）。
　　　　　　业务员（业务员代码、姓名、性别、民族、所属部门……）。
（3）关系：客户通过业务员买卖房源。

根据实体和属性建立局部 E-R 模型如图 1-71 所示。

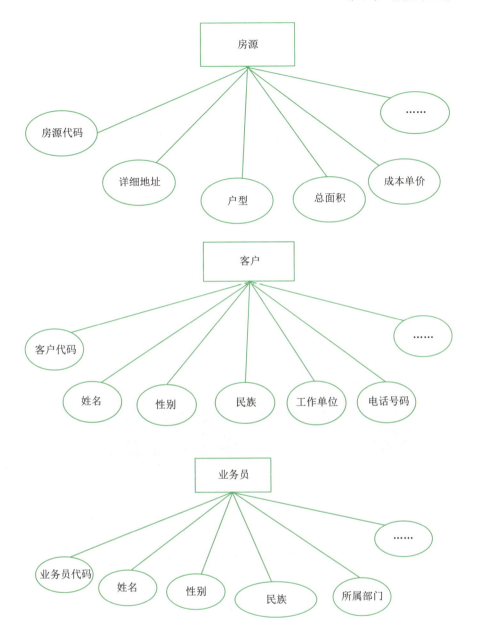

图 1-71 房产信息管理系统的实体与属性

接下来,需要通过关系将多个实体相连,并判断关系的类型,构成局部 E-R 模型。

(1)每位客户可以通过多位业务员买卖多套房源。
(2)每位业务员可以协助多位客户买卖多套房源。
(3)每套房源可以有多位业务员参与买卖,也可以有多位客户。

因此,客户、房源、业务员三个实体之间是多对多的关系,其局部 E-R 模型如图 1-72 所示。

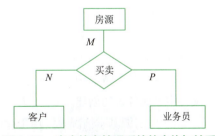

图 1-72 房产信息管理系统的实体与关系

2. 关系模型设计

根据 E-R 模型转换原则，转换后的关系模型如下：

（1）房源（房源代码、详细地址、户型、总面积、成本单价……）

（2）客户（客户代码、姓名、性别、民族、工作单位、电话号码……）

（3）业务员（业务员代码、姓名、性别、民族、所属部门……）

（4）买卖（房源代码、客户代码、业务员代码、售出日期、成交单价、付款方式……）

综上所述，所产生的房产信息管理系统的完整 E-R 模型如图 1-73 所示。

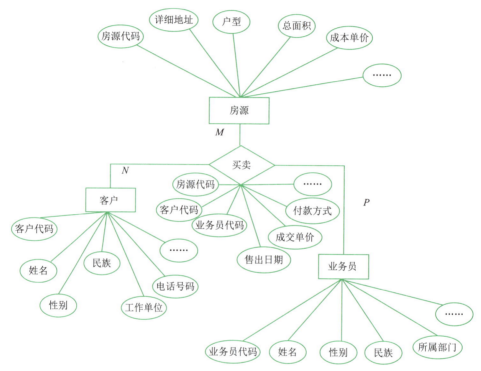

图 1-73　房产信息管理系统 E-R 模型

注：

M:N:P 的多元关系转换，除了将各实体转换成关系模式外，还会产生一个新的关系模式，该关系模式由关系所涉及的各实体关键字以及关系本身的属性组成，且该关系的关键字为各实体关键字的组合。

3. 数据表结构设计

明确关系模型后，接下来开始设计房产信息管理系统，考虑到在数据库系统中创建的数据表名称应尽量明确、清晰和规范，本系统共需要设计的四个数据表分别命名为："房源基本情况表""客户基本情况表""业务员基本情况表""房产销售情况表"，在"房产.accdb"数据库文件中完成各表的创建。

（1）"房源基本情况表"用于存放房源的基本信息。表结构见表 1-19。

表 1-19 "房源基本情况表"结构

字 段 名 称	数 据 类 型	字 段 大 小	主 键
房源代码	短文本	5	是
详细地址	短文本	50	否
户型	短文本	20	否
总面积	数字	长整型	否
成本单价	货币	货币	否

（2）"客户基本情况表"用于存放客户的基本信息。表结构见表 1-20。

表 1-20 "客户基本情况表"结构

字 段 名 称	数 据 类 型	字 段 大 小	主 键
客户代码	短文本	5	是
姓名	短文本	10	否
性别	短文本	1	否
民族	短文本	5	否
工作单位	短文本	50	否
电话号码	短文本	20	否

（3）"业务员基本情况表"用于存放业务员的基本信息。表结构见表 1-21。

表 1-21 "业务员基本情况表"结构

字 段 名 称	数 据 类 型	字 段 大 小	主 键
业务员代码	短文本	5	是
姓名	短文本	10	否
性别	短文本	1	否
民族	短文本	5	否
所属部门	短文本	10	否

（4）"房产销售情况表"用于存放房产销售的基本信息。表结构见表 1-22。

表 1-22 "房产销售情况表"结构

字 段 名 称	数 据 类 型	字 段 大 小	主 键
房源代码	短文本	5	复合主键
客户代码	短文本	5	
业务员代码	短文本	5	
售出日期	日期/时间	短日期	否
成交单价	货币	货币	否
付款方式	短文本	20	否

操作步骤

01 使用"设计视图"创建表。打开"房产.accdb"数据库文件,单击"创建"选项卡"表格"组中的"表设计"按钮,在打开的设计视图中进行设置。

02 设计表结构。在"字段名称"列中输入"房源代码",在"数据类型"的下拉菜单中选择"短文本"菜单项,完成"房源代码"字段的添加操作。

03 设置字段大小。在"字段属性"面板"常规"选项卡下的"字段大小"属性文本框中输入"5",完成"房源代码"字段的字段大小设置操作。

04 设置主键。右击"学号"字段,在弹出的快捷菜单中选择"主键"菜单命令,完成主键的设置。

05 使用同样的方法,在"字段名称"列中输入其余的字段名称、数据类型及字段大小。

06 保存数据表。单击快速工具栏上的"保存"按钮或按【Ctrl+S】组合键进行保存,并在弹出的"另存为"对话框中输入表的名称"房源基本情况表"。

07 使用同样的方法,在"房产.accdb"数据库中完成其余三个数据表的创建。

4. 数据表的表间关系设计

Access作为关系型数据库,支持创建灵活的表间关系,保证数据表之间的一致性和相关性。

操作步骤

01 打开"房产.accdb"数据库文件,单击"数据库工具"选项卡"关系"组中的"关系"按钮。此时,会弹出"显示表"对话框,选中所有表,单击"添加"按钮后,关闭"显示表"对话框。

02 在"关系"窗口中,将"房产销售情况表"表中"房源代码"字段拖动至"房源基本情况表"表中的"房源代码"字段上。在弹出的"编辑关系"对话框中,勾选"实施参照完整性"复选框、"级联更新相关字段"复选框和"级联删除相关记录"复选框,单击"创建"按钮,如图1-74所示。

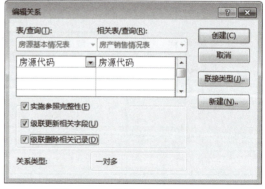

图1-74 "编辑关系"对话框

03 使用同样的方法,参照表1-23所示创建其他表的表间关系,最终效果如图1-75所示。

04 单击快速工具栏上的"保存"按钮或按【Ctrl+S】组合键,保存创建的表间关系。

表1-23 剩余表的表间关系

表　名	字　段　名	关联的表名	字　段　名
客户基本情况表	客户代码	房产销售情况表	客户代码
业务员基本情况表	业务员代码	房产销售情况表	业务员代码

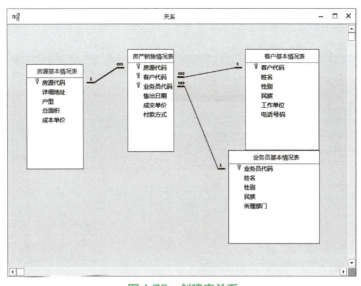

图 1-75　创建表关系

5. 在数据表中添加记录

将"房产销售情况表 .xlsx""房源基本情况表 .xlsx""客户基本情况表 .xlsx""业务员基本情况表 .xlsx"四个 Excel 文件中的数据添加到"房产 .accdb"数据库中相对应的"房产销售情况表""房源基本情况表""客户基本情况表""业务员基本情况表"数据表中。

操作步骤

01 打开"房产 .accdb"数据库文件,单击"外部数据"选项卡"导入并链接"组的 Excel 按钮,在弹出的"获取外部数据 -Excel 电子表格"对话框内,通过"浏览"按钮更改数据源的路径,例如,选择"业务员基本情况表 .xlsx"的存储位置。

02 选中"向表中追加一份记录的副本"单选按钮,并在右侧下拉菜单中选择相对应的表名,例如,"业务员基本情况表",如图 1-76 所示。追加数据的概念可参见本实训知识链接。

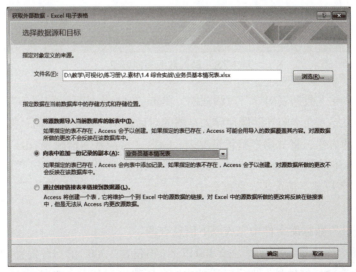

图 1-76　追加数据

03 单击"确定"按钮后,在弹出的"导入数据表向导"对话框中,单击"下一步"按钮,如图1-77所示。

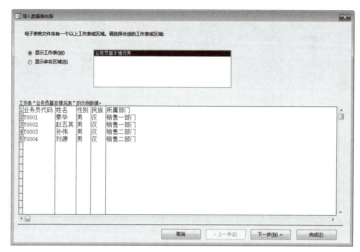

图1-77 导入数据表向导1

04 在弹出的"导入数据表向导"对话框中,单击"下一步"按钮,如图1-78所示。

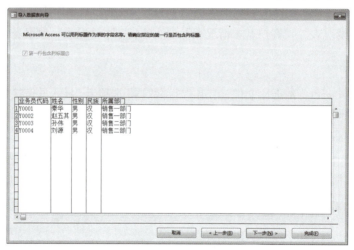

图1-78 导入数据表向导2

05 在弹出的"导入数据表向导"对话框中,单击"完成"按钮,如图1-79所示。

06 在弹出的"导入文本向导"保存导入步骤的对话框中,单击"关闭"按钮。

07 使用同样的方法,将"房产销售情况表.xlsx""房源基本情况表.xlsx""客户基本情况表.xlsx"Excel文件中的数据添加到"房产.accdb"数据库中相对应的"房产销售情况表""房源基本情况表""客户基本情况表"数据表中。

6. 查询设计

在"房产.accdb"数据库文件中完成以下信息查询。

(1)创建查询,统计"成本单价"在2 300以下(不包含2 300)的房源信息,显示"户型""总面积""成本单价""详细地址"四个字段的内容,所建查询名为"查询1"。

图 1-79　导入数据表向导 3

方法一：使用"SQL 语句"创建查询。

操作步骤

01 进入查询的 SQL 视图。打开"房产.accdb"数据库文件，单击"创建"选项卡"查询"组中的"查询设计"按钮，关闭弹出的"显示表"对话框，此时，会进入查询的设计视图。单击"查询工具 - 设计"选项卡"结果"组"视图"按钮的下拉菜单，选择"SQL 视图"选项，切换到 SQL 视图。

02 输入 SQL 语句。在 SQL 视图中输入以下 SQL 语句：
SELECT 房源基本情况表.户型，房源基本情况表.总面积，房源基本情况表.成本单价，房源基本情况表.详细地址
FROM 房源基本情况表
WHERE (((房源基本情况表.成本单价)<2300));

03 运行查询。单击"查询工具 - 设计"选项卡"结果"组的"运行"按钮，运行该查询。此时会切换到数据表视图，在数据表视图中可以查看该查询的结果。

04 保存查询。单击快速访问工具栏上的"保存"按钮或按【Ctrl+S】组合键进行保存，并在弹出的"另存为"对话框中输入表的名称"查询 1"。

方法二：使用"设计视图"创建查询。

操作步骤

01 进入查询的设计视图。打开"房产.accdb"数据库文件，单击"创建"选项卡"查询"组中的"查询设计"按钮，进入查询的设计视图。

02 添加表。在弹出的"显示表"对话框，选择"房源基本情况表"，单击"添加"按钮。添加完成后，关闭"显示表"对话框。

03 选择字段。双击"房源基本情况表"中的"户型""总面积""成本单价""详细地址"四个字段。

04 添加条件。在"成本单价"字段对应的"条件"行中输入查询条件"<2 300"。

05 运行查询。单击"查询工具 - 设计"选项卡"结果"组的"运行"按钮，运行该查询。此时会切换到数据表视图，在数据表视图中可以查看该查询的结果。

06 保存查询。单击快速访问工具栏上的"保存"按钮或按【Ctrl+S】组合键进行保存，并在弹出的"另存为"对话框中输入表的名称"查询1"。

（2）创建查询，查找没有销售业绩的销售员信息，显示"业务员代码""姓名""所属部门"三个字段内容，所建查询名为"查询2"。

方法一：使用"SQL 语句"创建查询。

操作步骤

01 进入查询的 SQL 视图。打开"房产.accdb"数据库文件，单击"创建"选项卡"查询"组中的"查询设计"按钮，关闭弹出的"显示表"对话框，此时，会进入查询的设计视图。单击"查询工具 - 设计"选项卡"结果"组"视图"按钮的下拉菜单，选择"SQL 视图"选项，切换到 SQL 视图。

02 输入 SQL 语句。在 SQL 视图中输入以下 SQL 语句：

SELECT 房产销售情况表.业务员代码，业务员基本情况表.姓名，业务员基本情况表.所属部门
FROM 业务员基本情况表 LEFT JOIN 房产销售情况表 ON 业务员基本情况表.业务员代码 = 房产销售情况表.业务员代码
WHERE (((房产销售情况表.业务员代码) Is Null));

03 运行查询。单击"查询工具 - 设计"选项卡"结果"组的"运行"按钮，运行该查询。此时会切换到数据表视图，在数据表视图中可以查看该查询的结果。

04 保存查询。单击快速访问工具栏上的"保存"按钮或按【Ctrl+S】组合键进行保存，并在弹出的"另存为"对话框中输入表的名称"查询2"。

方法二：使用"设计视图"创建查询。

操作步骤

01 进入查询的设计视图。打开"房产.accdb"数据库文件，单击"创建"选项卡"查询"组中的"查询设计"按钮，进入查询的设计视图。

02 添加表。在弹出的"显示表"对话框，选择"房产销售情况表""业务员基本情况表"，单击"添加"按钮。添加完成后，关闭"显示表"对话框。

03 设置连接属性。双击关系连接线，在弹出的"连接属性"对话框中选择"2"选项按钮，单击"确定"按钮。

04 选择字段。双击"业务员基本情况表"中的"姓名""所属部门"字段，"房产销售情况表"中的"业务员代码"字段，并在"业务员代码"字段的"条件"行中输入"is null"（大小写无关）。

05 运行查询。单击"查询工具 - 设计"选项卡"结果"组的"运行"按钮，运行该查询。此时会切换到数据表视图，在数据表视图中可以查看该查询的结果。

06 保存查询。单击快速访问工具栏上的"保存"按钮或按【Ctrl+S】组合键进行保存，并

在弹出的"另存为"对话框中输入表的名称"查询2"。

（3）创建查询，统计相同户型的房屋的平均成交单价，显示"户型""平均成交单价"字段，其中的"平均成交单价"由"成交单价"统计得到，所建查询名为"查询3"。

方法一：使用"SQL 语句"创建查询。

操作步骤

01 进入查询的 SQL 视图。打开"房产.accdb"数据库文件，单击"创建"选项卡"查询"组中的"查询设计"按钮，关闭弹出的"显示表"对话框，此时，会进入查询的设计视图。单击"查询工具 - 设计"选项卡"结果"组 "视图"按钮的下拉菜单，选择"SQL 视图"选项，切换到SQL 视图。

02 输入 SQL 语句。在 SQL 视图中输入以下 SQL 语句：
SELECT 房源基本情况表.户型，Avg(房产销售情况表.成交单价) AS 平均成交单价
FROM 房源基本情况表 INNER JOIN 房产销售情况表 ON 房源基本情况表.房源代码 = 房产销售情况表.房源代码
GROUP BY 房源基本情况表.户型；

03 运行查询。单击"查询工具 - 设计"选项卡"结果"组的"运行"按钮，运行该查询。此时会切换到数据表视图，在数据表视图中可以查看该查询的结果。

04 保存查询。单击快速访问工具栏上的"保存"按钮或按【Ctrl+S】组合键进行保存，并在弹出的"另存为"对话框中输入表的名称"查询3"。

方法二：使用"设计视图"创建查询。

操作步骤

01 进入查询的设计视图。打开"房产.accdb"数据库文件，单击"创建"选项卡"查询"组中的"查询设计"按钮，进入查询的设计视图。

02 添加表。在弹出的"显示表"对话框，选择"房产销售情况表""房源基本情况表"，单击"添加"按钮。添加完成后，关闭"显示表"对话框。

03 创建汇总查询。单击"查询工具 - 设计"选项卡"显示/隐藏"组的"汇总"按钮，此时，在查询设计区增加了"总计"行。

04 添加字段。双击"房产销售情况表"中的"成交单价"字段，并在"总计"行的下拉菜单中选择"平均值"总计方式；双击"房源基本情况表"中的"户型"字段，并在"总计"行的下拉菜单中选择"Group By"总计方式。

05 创建计算字段。在"成交单价"字段的"字段"行中"成交单价"文字前添加"平均成交单价:"

06 运行查询。单击"查询工具 - 设计"选项卡 "结果"组的"运行"按钮，运行该查询。此时会切换到数据表视图，在数据表视图中可以查看该查询的结果。

07 保存查询。单击快速访问工具栏上的"保存"按钮或按【Ctrl+S】组合键进行保存，并在弹出的"另存为"对话框中输入表的名称"查询3"。

（4）创建查询，在"客户基本情况表"中"民族"字段的值后面加上"族"，所建查询名为"查询4"。

方法一：使用"SQL 语句"创建查询。

操作步骤

01 进入查询的 SQL 视图。打开"房产.accdb"数据库文件，单击"创建"选项卡"查询"组中的"查询设计"按钮，关闭弹出的"显示表"对话框，此时，会进入查询的设计视图。单击"查询工具 - 设计"选项卡"结果"组 "视图"按钮的下拉菜单，选择"SQL 视图"选项，切换到 SQL 视图。

02 输入 SQL 语句。在 SQL 视图中输入以下 SQL 语句：
UPDATE 客户基本情况表 SET 客户基本情况表.民族 = [民族] & "族";

03 运行查询。单击"查询工具 - 设计"选项卡"结果"组的"运行"按钮，运行该查询。此时，会弹出 Microsoft Access 对话框，提示是否要更新记录，单击"是"按钮。

04 保存查询。单击快速访问工具栏上的"保存"按钮或按【Ctrl+S】组合键进行保存，并在弹出的"另存为"对话框中输入表的名称"查询 4"。

05 查看操作结果。打开被更新的表查看结果。

方法二：使用"设计视图"创建查询。

操作步骤

01 进入查询的设计视图。打开"房产.accdb"数据库文件，单击"创建"选项卡"查询"组中的"查询设计"按钮，进入查询的设计视图。

02 添加表。在弹出的"显示表"对话框，选择"客户基本情况表"，单击"添加"按钮。添加完成后，关闭"显示表"对话框。

03 切换查询类型。单击"查询工具 - 设计"选项卡"查询类型"组的"更新"按钮。

04 添加字段。双击"客户基本情况表"中的"民族"字段，并在"更新到"行中输入"[民族] & "族""。

05 运行查询。单击"查询工具 - 设计"选项卡"结果"组的"运行"按钮，运行该查询。此时，会弹出 Microsoft Access 对话框，提示是否要更新记录，单击"是"按钮。

06 保存查询。单击快速访问工具栏上的"保存"按钮或按【Ctrl+S】组合键进行保存，并在弹出的"另存为"对话框中输入表的名称"查询 4"。

07 查看操作结果。打开被更新的表查看结果。

（5）创建查询，修改"房源基本情况表"中两室一厅"户型"的"成本单价"的字段值为原来的 1.5 倍，所建查询名为"查询 5"。

方法一：使用"SQL 语句"创建查询。

操作步骤

01 进入查询的 SQL 视图。打开"房产.accdb"数据库文件，单击"创建"选项卡"查询"组中的"查询设计"按钮，关闭弹出的"显示表"对话框，此时，会进入查询的设计视图。单击"查询工具 - 设计"选项卡"结果"组 "视图"按钮的下拉菜单，选择"SQL 视图"选项，切换到 SQL 视图。

02 输入 SQL 语句。在 SQL 视图中输入以下 SQL 语句：
UPDATE 房源基本情况表 SET 房源基本情况表.成本单价 = [成本单价]*1.5
WHERE (((房源基本情况表.户型)="两室一厅"));

03 运行查询。单击"查询工具-设计"选项卡"结果"组的"运行"按钮，运行该查询。此时，会弹出 Microsoft Access 对话框，提示是否要更新记录，单击"是"按钮。

04 保存查询。单击快速访问工具栏上的"保存"按钮或按【Ctrl+S】组合键进行保存，并在弹出的"另存为"对话框中输入表的名称"查询5"。

05 查看操作结果。打开被更新的表查看结果。

方法二：使用"设计视图"创建查询。

操作步骤

01 进入查询的设计视图。打开"房产.accdb"数据库文件，单击"创建"选项卡"查询"组中的"查询设计"按钮，进入查询的设计视图。

02 添加表。在弹出的"显示表"对话框，选择"房源基本情况表"，单击"添加"按钮。添加完成后，关闭"显示表"对话框。

03 切换查询类型。单击"查询工具-设计"选项卡"查询类型"组的"更新"按钮。

04 添加字段。双击"房源基本情况表"中的"成本单价"字段，并在"更新到"行中输入"[成本单价]*1.5"；双击"房源基本情况表"中的"户型"字段，并在"条件"行中输入""两室一厅""。

05 运行查询。单击"查询工具-设计"选项卡"结果"组的"运行"按钮，运行该查询。此时，会弹出 Microsoft Access 对话框，提示是否要更新记录，单击"是"按钮。

06 保存查询。单击快速访问工具栏上的"保存"按钮或按【Ctrl+S】组合键进行保存，并在弹出的"另存为"对话框中输入表的名称"查询5"。

07 查看操作结果。打开被更新的表查看结果。

（6）创建查询，删除"房源基本情况表"中"详细地址"为泰来小区 1-56-201 的记录，所建查询名为"查询6"。

方法一：使用"SQL 语句"创建查询。

操作步骤

01 进入查询的 SQL 视图。打开"房产.accdb"数据库文件，单击"创建"选项卡"查询"组中的"查询设计"按钮，关闭弹出的"显示表"对话框，此时，会进入查询的设计视图。单击"查询工具-设计"选项卡"结果"组"视图"按钮的下拉菜单，选择"SQL视图"选项，切换到 SQL 视图。

02 输入 SQL 语句。在 SQL 视图中输入以下 SQL 语句：
DELETE 房源基本情况表.详细地址
FROM 房源基本情况表
WHERE (((房源基本情况表.详细地址)="泰来小区1-56-201"));

03 运行查询。单击"查询工具-设计"选项卡"结果"组的"运行"按钮，运行该查询。此时，会弹出 Microsoft Access 对话框，提示是否要删除记录，单击"是"按钮。

04 保存查询。单击快速访问工具栏上的"保存"按钮或按【Ctrl+S】组合键进行保存,并在弹出的"另存为"对话框中输入表的名称"查询 6"。

05 查看操作结果。打开被删除的表查看结果。

方法二:使用"设计视图"创建查询。

操作步骤

01 进入查询的设计视图。打开"房产 .accdb"数据库文件,单击"创建"选项卡"查询"组中的"查询设计"按钮,进入查询的设计视图。

02 添加表。在弹出的"显示表"对话框,选择"房源基本情况表",单击"添加"按钮。添加完成后,关闭"显示表"对话框。

03 切换查询类型。单击"查询工具 - 设计"选项卡"查询类型"组的"删除"按钮。

04 添加字段。双击"房源基本情况表"中的"详细地址"字段,并在"条件"行中输入""泰来小区 1-56-201""。

05 运行查询。单击"查询工具 - 设计"选项卡"结果"组的"运行"按钮,运行该查询。此时,会弹出 Microsoft Access 对话框,提示是否要删除记录,单击"是"按钮。

06 保存查询。单击快速访问工具栏上的"保存"按钮或按【Ctrl+S】组合键进行保存,并在弹出的"另存为"对话框中输入表的名称"查询 6"。

07 查看操作结果。打开被删除的表查看结果。

知识链接

追加数据

追加数据是将数据源文件中的数据添加到当前数据库已存在的数据表中,且数据源的表结构与数据库中被追加的数据表结构需相同。

例:把名称为"学生 .xlsx"文件中的数据添加到"学生信息管理"数据库中的"学生表"中。

在实际使用中,用户可以通过两种方式获取数据:一种是直接在数据表中输入数据,输入数据的方式可参考实训二;另一种是追加或导入外部数据,其中导入数据的方式可参考实训三。

拓展训练

1. 旅游管理系统设计

根据实训一的拓展训练第 1 题要求,完善旅游管理系统的设计。

设计思路:

(1)参见实训一的拓展训练第 1 题完成关系模型的设计;

(2)根据关系模型设计旅游管理系统的相关数据表;

(3)创建各数据表之间的关系;

(4)在数据表中添加记录;

(5)设计一些查询,实现旅行社信息、旅游线路信息、游客信息和游客报名信息的更新、删除和查询。

2. 学生信息管理系统设计

根据实训一的拓展训练第 2 题要求，完善学生信息管理系统的设计。

设计思路：

（1）参见实训一的拓展训练第 2 题完成关系模型的设计；

（2）根据关系模型设计学生信息管理系统的相关数据表；

（3）创建各数据表之间的关系；

（4）在数据表中添加记录；

（5）设计一些查询，实现学生信息、课程信息和选课信息的更新、删除和查询。

第 2 章
模拟分析

模拟分析是指在单元格中更改值以查看这些更改将如何影响工作表中引用该单元格的公式结果的过程。Excel 附带了三种模拟分析工具：单变量求解、模拟运算表和方案管理器。单变量求解是获取结果已经确定值的可能输入值，模拟运算表和方案管理器则可以获取一组输入值并确定可能的结果。

实训一　单变量求解：零存整取理财计划

单变量求解用于已知公式计算的结果，计算出引用单元格的值。例如，已知公式 y=(3x+4)/5-6，那么 y=12 时，x=？诸如此类已知函数结果，求变量的问题。对于单变量求解，可以理解为是函数公式的逆运算。

本实训主要练习单变量求解的方法。

现有一个年利率为 3.45% 零存整取理财计划，存款期数为 10 年，如果希望到期后本息和为 20 万元，那需要在每月存入金额为多少？

实训目的

（1）知道单变量求解的使用场景。
（2）了解单变量求解的基本概念。
（3）掌握单变量求解的操作方法。

实训分析

预测投资收益可以通过 FV 函数计算。由于每月存入的金额属于支出款项，因此对函数的第三个参数 pmt 可以记为负数。如若没有将参数 pmt 记为负数，求解出的每月存入金额为负值，负号表示支出。

实训内容

1. 数据及公式输入

根据题意，在"实训一.xlsx"相应的单元格中输入数据及公式。

操作步骤

打开"实训一.xlsx"，将年利率的值输入 A3 单元格，存款期数的值输入 B3 单元格。在 D3 单元格中输入公式"=FV(A3/12,B3*12,-C3,0,0)"，如图 2-1 所示。

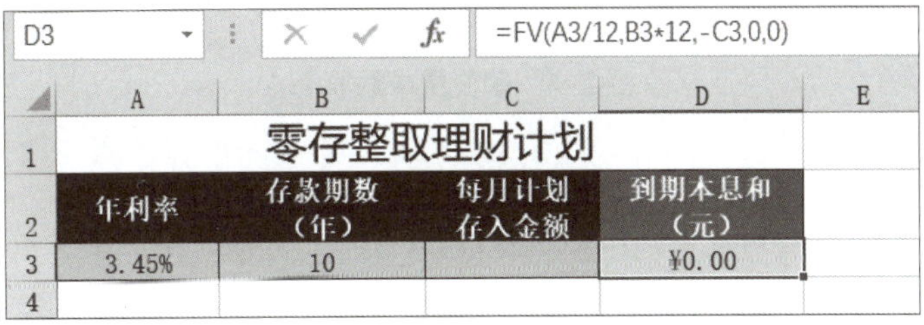

图 2-1 数据及公式输入

2. 单变量求解

利用单变量求解，计算求出每月需要存入的金额。

操作步骤

01 选择目标数据单元格 D3，单击"数据"选项卡"预测"组中的"模拟分析"下拉菜单中的"单变量求解"菜单项，如图 2-2 所示。

02 在弹出的"单变量求解"对话框中，输入目标值 200 000，选择可变单元格 C3，单击"确定"按钮，如图 2-3 所示。

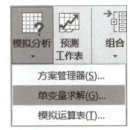

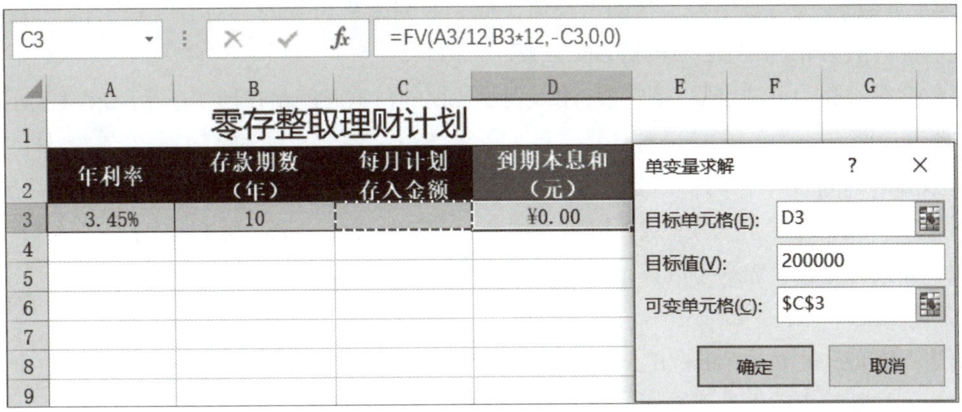

图 2-2 单变量求解

图 2-3 设定目标值和可变单元格

03 在弹出的"单变量求解状态"对话框中会显示求解状态，单击"确定"按钮后，工作表中的目标数据单元格 D3 中的数据就会变成之前设定的目标值 200 000，可变单元格 C3 中的数据即为单变量求解后的结果，如图 2-4 所示。即如果希望到期后本息和为 20 万元，那需要在每月存入金额为 1 398.04 元。

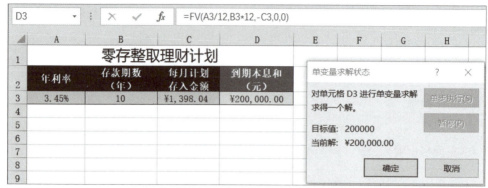

图 2-4　单变量求解状态

3. 修改目标值

如果需要修改目标值，如希望到期本息和为 30 万元，只需要重复单变量求解过程，即可重新测试其他结果。

知识链接

1. FV 函数：预测投资收益

语法：FV(rate,nper,pmt,[pv],[type])

功能：在基于固定利率及等额分期付款方式下，返回某项投资的未来值。

说明：

（1）参数 rate 为必需字段，指的是利率。

（2）参数 nper 为必需字段，指的是总期限。

（3）参数 pmt 为必需字段，为各期应支付的金额，其数值在整个投资期限内不变。

（4）参数 pv 为可选字段，指的是现值，或一系列未来付款的当前值的累积和。如果省略 pv，则假设其值为 0，并且必须包括 pmt 参数。

（5）参数 type 为可选字段，逻辑值，用以表示各期的付款时间是在期初还是期末。1 表示期初，0 或省略表示期末。

参数 rate 和 nper 单位的一致性。例如，同样是四年期年利率为 12% 的贷款：按月支付，rate 应为 12%/12，nper 应为 4×12；按年支付，rate 应为 12%，nper 为 4。对于所有参数：支出的款项，如银行存款，表示为负数；收入的款项，如股息收入，表示为正数。

2. IF 函数：条件判断

语法：IF(logical_test, [value_if_true], [value_if_false])

功能：判断某个条件是否成立，并根据判断输出不同的结果。

说明：最多可以使用六十四个 IF 函数作为 value_if_true 和 value_if_false 参数进行嵌套。

（1）参数 logical_test 为必需字段，计算结果可以是为 TRUE 或 FALSE 的任意值或表达式。

（2）参数 value_if_true 为可选字段，参数 logical_test 的计算结果为 TRUE 时返回该值。当该参数省略时，即参数 logical_test 后仅跟一个逗号，当参数 logical_test 的计算结果为 TRUE 时返回 0。

（3）参数 value_if_false 为可选字段，参数 logical_test 的计算结果为 FALSE 时返回该值。当该参数省略时，即参数 value_if_true 后没有逗号，当参数 logical_test 的计算结果为 FALSE 时返回 0。

3. SUM 函数：求和

语法：SUM(number1,[number2],......])

功能：为指定参数的所有数字求和，每个参数都可以是区域、单元格引用、数组、常量、公式或另一个函数的结果。

说明：

（1）参数 number1 为必需字段，是需要相加的第一个数值参数。

（2）参数 number2,...... 为可选字段，是需要相加的 2 到 255 个数值参数。

4. 常见错误及处理方式

在公式使用过程中，有时候会遇上出现诸如“####”“#DIV/0！”“#N/A”等非预期结果的文本，这些都是公式中常见的错误代码。Excel 对于不同类型的公式错误采用不同的标识进行区分，方便用户快速识别并加以修正。

1）“####”错误

产生“####”错误的情况主要有以下几种：

（1）单元格宽度过小。此种情况最为常见。当单元格中的值为数字或日期类型的数据时，如果单元格的宽度过小，不足以显示该单元格中所有数据时，在单元格中就会显示多个“####”来替代原本需要显示的数据。解决方法很简单，调整单元格宽度，使其能全部显示即可，如图 2-5 所示。

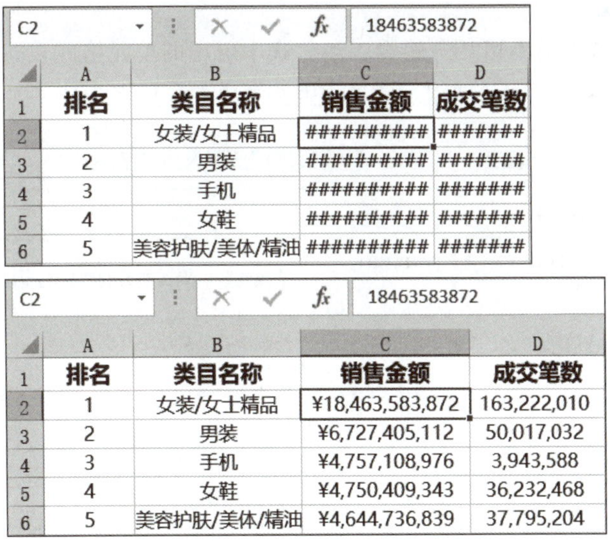
C2　18463583872

	A	B	C	D
1	排名	类目名称	销售金额	成交笔数
2	1	女装/女士精品	##########	#######
3	2	男装	##########	#######
4	3	手机	##########	#######
5	4	女鞋	##########	#######
6	5	美容护肤/美体/精油	##########	#######

C2　18463583872

	A	B	C	D
1	排名	类目名称	销售金额	成交笔数
2	1	女装/女士精品	¥18,463,583,872	163,222,010
3	2	男装	¥6,727,405,112	50,017,032
4	3	手机	¥4,757,108,976	3,943,588
5	4	女鞋	¥4,750,409,343	36,232,468
6	5	美容护肤/美体/精油	¥4,644,736,839	37,795,204

图 2-5　单元格宽度过小产生的错误及解决方法

（2）日期或时间类型的数值为负数。如果单元格中的数据是日期或时间类型的负数，或者将负数的单元格数据类型强制转换成日期或时间类型时，Excel 会显示“####”错误，如图 2-6 所示。

图 2-6　负数强制转换成日期或时间型及负数日期产生的错误

（3）日期超过 Excel 有效日期范围。如果单元格中的数据超过了 Excel 有效日期范围，即 9999 年 12 月 31 日时，Excel 会显示"####"错误，如图 2-7 所示。

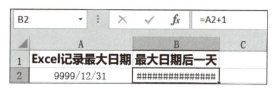

图 2-7　超过 Excel 有效日期范围产生的错误

2）"#DIV/0!"错误

"#DIV/0!"错误又称"被零除"错误，当公式中做除法运算除数为零时，Excel 返回该错误告知用户出错原因。排除此类错误的方法是修改公式或被引用的单元格值，使除数不为零即可。

3）"#N/A"错误

"#N/A"错误又称"值不可用"错误，当公式中引用的单元格或表达式的返回值对当前公式或函数不可用时，Excel 返回该错误。常见原因及解决方法见表 2-1。

表 2-1　"#N/A"错误常见原因及解决方法

常 见 原 因	解 决 方 法
查找函数如 VLOOKUP（）、HLOOKUP（）、LOOKUP（）或 MATCH（）等未找到匹配值	修改参数，确认参数的数据类型是否正确
内部函数或自定义工作表函数缺少一个或多个必要参数	修改函数以包含所有必要参数
自定义工作表函数不可用	确认包含被调用的自定义工作表函数的工作簿已经被打开并运行正常
数组公式中参数的行数或列数与引用区域的不一致	增加或减少需要输入数组公式的单元格数量，使其与引用区域的行数或列数一致

4）"#NAME?"错误

"#NAME?"错误又称"无效名称"错误，当使用了 Excel 不能识别的名称或函数时，Excel 返回该错误。例如，图 2-8 所示 B2 单元格计算实发补贴时需要引用一个名称"基数"，但此名称未定义或在当前工作表中无法直接访问时，Excel 就会返回"#NAME?"错误用以提醒用户加以更改。

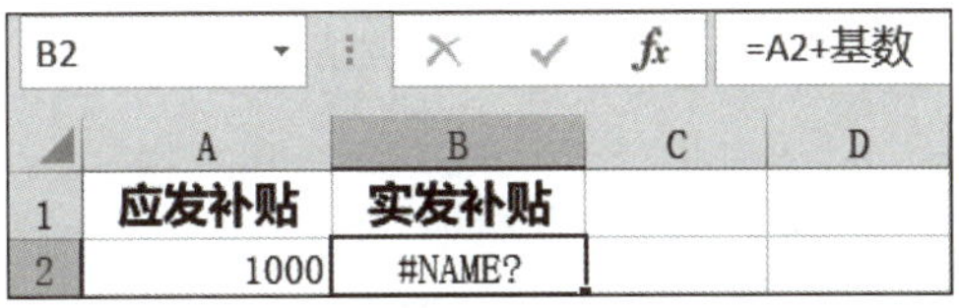

图 2-8 使用未定义的名称产生的"#NAME?"错误

除了上述常见的情况之外,在实际使用过程中,还有多种情况也会产生"#NAME?"错误,常见原因及解决方法见表 2-2。

表 2-2 "#NAME?"错误常见原因及解决方法

常见原因	解决方法
公式中引用了一个不存在的名称	检查名称的引用是否存在拼写错误; 重新定义单元格名称
公式中引用的名称在当前工作表中无效	检查被引用名称的作用范围,确保名称的引用方式为"工作表名称!名称",其中"!"应该是西文字符的半角符号
公式中使用的函数名称错误	检查函数的名称是否存在拼写错误; 检查函数的语法格式
公式中引用的文本未添加双引号	Excel 会将未添加双引号的文本当作名称来处理,因此公式中使用的文本需要添加半角双引号
公式中单元格区域引用错误	检查单元格区域引用的表达方式,两个单元格地址之间需要使用半角冒号":"相连

5)"#NULL!"错误

"#NULL!"错误又称"空"错误,当指定两个不相交的区域的交集时,Excel 返回该错误。例如,区域 A2:A3 和区域 B2:B3 并不相交,因此当对其作相交运算后求和,Excel 返回"#NULL!"错误,如图 2-9 所示。其中,分隔公式中的两个区域地址间的空格字符即为交集运算符。

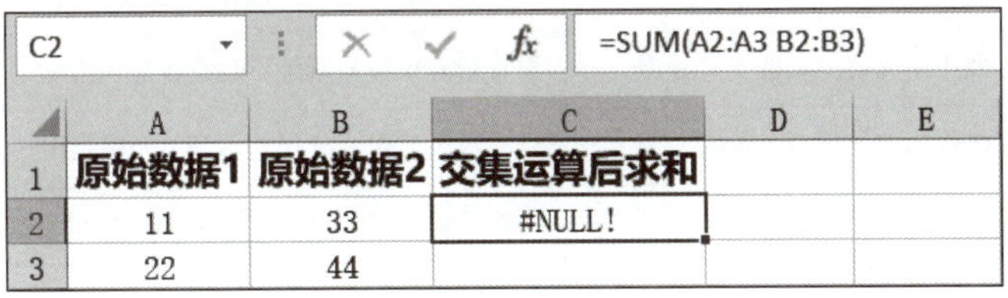

图 2-9 交集运算后求和产生的"#NULL!"错误

6)"#NUM!"错误

"#NUM!"错误又称"数字"错误或"与值相关"的错误,当公式或函数使用过程中引用了无效的数值参数,Excel 返回该错误。例如,图 2-10 的 B 列中运用函数 SQRT()对 A 列中的数值取其平方差,当 A 列中的值为负数时,B 列中使用 SQRT()函数的单元格返回"#NUM!"错误。此类错误产生的情况不止一种,也没有很好的防范方法,唯有提高知识面,掌握相关的信息方可尽量避免。

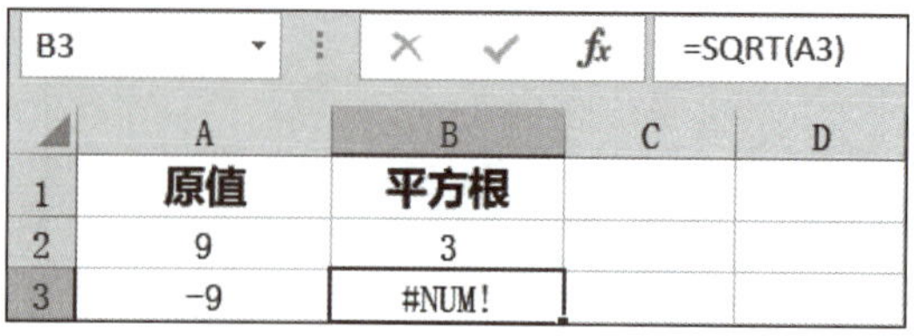

图 2-10 对负数开平方产生的"#NUM!"错误

7)"#VALUE!"错误

"#VALUE!"错误又称"值"错误,是公式使用过程中出现最多的一种错误,表示当前的公式计算的结果不能返回一个正确的数据类型。例如,将文本数据和数值数据相加时就会返回"#VALUE!"错误,如图 2-11 所示。

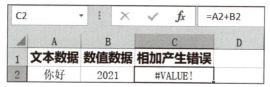

图 2-11 文本和数值相加产生的"#VALUE!"错误

除了上述常见的情况之外,在实际使用过程中,产生"#VALUE!"错误的原因还有很多种,常见原因及解决方法见表 2-3。

表 2-3 "#VALUE!"错误常见原因及解决方法

常见原因	解决方法
不同数据类型的数据进行了四则运算	检查数据类型,更正错误
函数中使用的数据类型与参数要求的数据类型不一致	检查参数返回值的数据类型,更正错误输入
为需要单个参数的函数指定了多个值	检查参数是否为单个值; 当参数为表达式时,检查其返回值是否为单个值
返回类型为矩阵的函数中使用了无效的参数	检查矩阵维数与所给参数维数是否匹配
将单元格引用、公式或函数作为常量赋值给数组	修改数组常量,确保其不是单元格引用、公式或函数
将数组公式以普通公式输入	重新编辑公式,完成后按【Ctrl+Shift+Enter】组合键进行输入

8)"#REF!"错误

"#REF!"错误又称"无效的单元格引用"错误,当公式所引用的单元格被删除后 Excel 就会返回此错误。例如,图 2-12 中 B2 单元格引用 A2 单元格的值,使 B2 的数据显示为 A2 中的数据,当删除第一列后(不是删除 A2 中的值),原本的 B2 单元格变成了 A2,产生了"#REF!"错误,如图 2-13 所示。

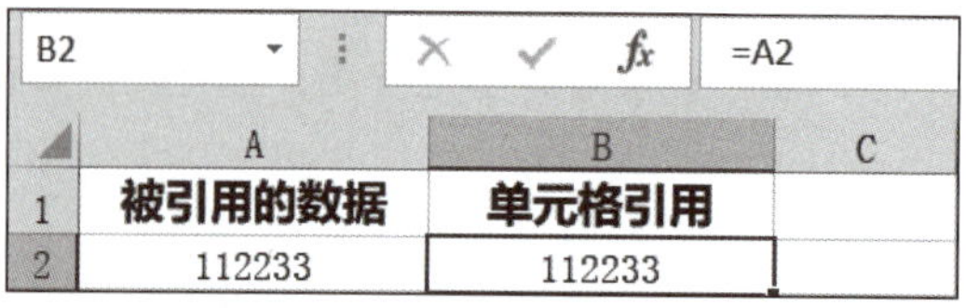

图 2-12 B2 单元格引用 A2 单元格的值

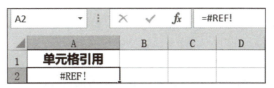

图 2-13 删除第 1 列后产生 "#REF!" 错误

"#REF!"错误如果发现及时可以通过撤销删除操作进行补救，如果不能及时撤销，只能重新输入引用地址。

拓展训练

1. 鸡兔同笼

"鸡兔问题"是一道古典数学问题，源自我国古代四、五世纪的数学著作《孙子算经》。算经卷下第三十一题为："今有雉、兔同笼，上有三十五头，下有九十四足。问雉、兔各几何？"原著的解法为："上署头，下置足。半其足，以头除足，以足除头，即得。"具体解法即为：分别列出总头数（35）和总足数（94），总足数除以 2，再减去总头数（94÷2-35），得到兔数为 12，总头数减去兔数（35-12），得到鸡数为 23。

要求：打开素材"实训一 - 拓展 .xlsx"，在相应的单元格中填入数据及公式，试利用单变量求解鸡兔各自的数量。

提示：

B4 单元格为鸡的数量，空格待求解，C4 单元格为兔的数量，设定公式为"=35-A1"，D4 单元格为总的脚数，填入总脚数量的公式"=B4*2+C4*4"，选择单变量求解，目标单元格为 D4，目标值为 94，可变单元格为 B4，这样就可以求解出总脚数为 94 时，鸡的数量为 23，兔的数量为 12。

2. 销售提成

小王是某公司销售人员，该公司的员工销售提成规定：当员工的年度总销售额大于 800 万时，员工的销售提成为总销售额的 0.5%，如果未达标，则销售提成比率降低为 0.3%。现已知前三季度的销售额，如果小王希望在年终至少拿到 5 万元的提成，则第四季度的销售额至少是多少？

要求：打开素材"实训一 - 拓展 .xlsx"，在相应的单元格中填入数据及公式，试利用单变量求解第四季度的销售额。

提示：

销售提成计算公式为"=IF(SUM(C4:C7)>8 000 000,SUM(C4:C7)*0.5%,SUM(C4:C7)*0.3%)"。

实训二　单变量模拟运算表：房贷月供计算

模拟运算表是一个单元格区域，用于显示在一个或多个公式中替换不同值所得到的结果。即当给定公式的一个或两个自变量发生变化时，公式结果的变化。

单变量模拟运算表可以用来测试公式中一个变量取不同值后结果的变化。在单行或单列中输入变量值后，不同的计算结果就会出现在公式所在的列或行中。

本实训主要练习单变量模拟运算表求解的方法。

小陈向某银行贷款 50 万元用于购房，已知五年以上的等额分期付款房贷利率为 3.25%，试计算在不同年限下，每月的房贷还款额。

实训目的

（1）知道单变量模拟运算表的使用场景。
（2）了解单变量模拟运算表的基本概念。
（3）掌握单变量模拟运算表的操作方法。

实训分析

预测投资收益可以通过 PMT 函数计算。由于贷款数额属于支出款项，因此对函数的第三个参数 pv 可以记为负数。

实训内容

1. 数据及公式输入

根据题意，在"实训二 .xlsx"相应的单元格中输入数据及公式。

操作步骤

01 打开"实训二 .xlsx"，将贷款金额的值输入 C2 单元格，贷款利率的值输入 C3 单元格。

02 在单变量模拟运算表中，由于需要生成模拟运算表结果的区域的第一行或第一列必须包含变量单元格和公式单元格，因此需要将公式"=PMT(C3/12,C4*12,-C2,0,0)"输入 C6 单元格，如图 2-14 所示。C4 单元格为空值，故而会出现"#NUM！"错误，并不是操作错误。

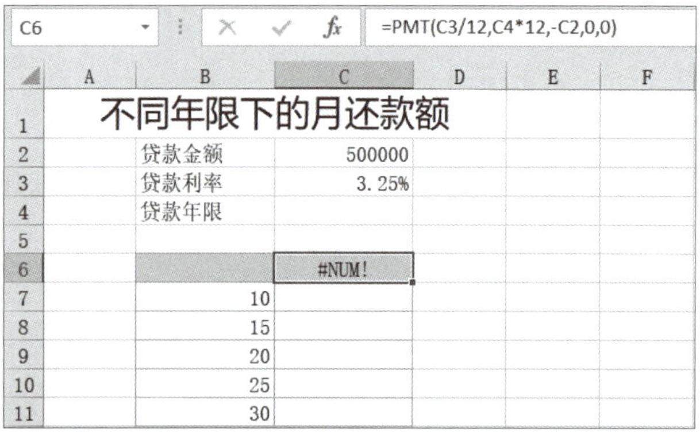

图 2-14　单变量模拟运算表的基础数据和计算公式

2. 单变量模拟运算表

利用单变量模拟运算表，计算在不同年限下，每月的房贷还款额。

操作步骤

01 选择需要创建模拟运算表的区域 B6:C11，单击"数据"选项卡"预测"组中的"模拟分析"下拉菜单中的"模拟运算表"菜单项，在弹出的"模拟运算表"对话框中，根据基础数据变量值的输入方向，选择引用的行或列的单元格。被引用的单元格即为第一个变量值所在的位置，如图 2-15 所示。

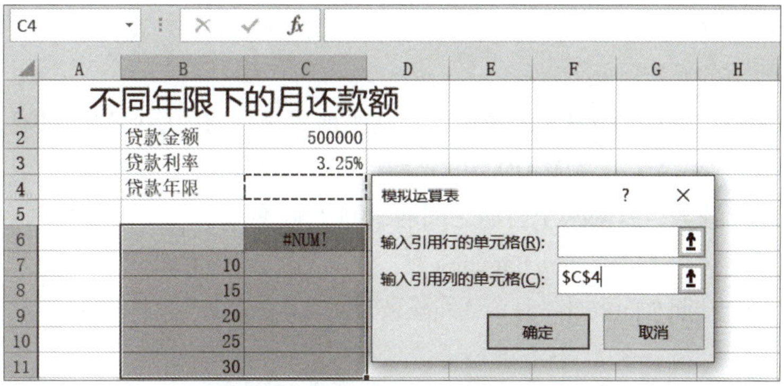

图 2-15　模拟运算表引用的单元格

02 单击"确定"按钮，在选定区域就会自动创建模拟运算表，如图 2-16 所示。C7:C11 区域的值即为不同年限下的月还款额。

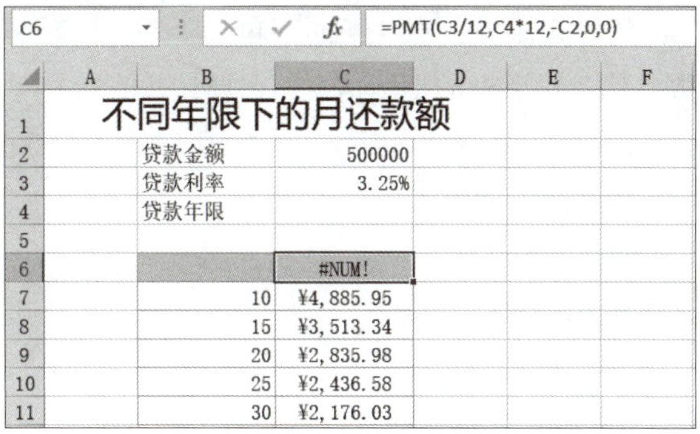

图 2-16　运用模拟运算表运算出的结果

知识链接

1. PMT 函数：计算每期还贷额

语法：PMT(rate, nper, pv, [fv], [type])

功能：在基于固定利率及等额分期付款方式下，返回贷款的每期付款额，默认按年，也可以转换成按月。

说明：

（1）参数 rate 为必需字段，指的是贷款利率。

（2）参数 nper 为必需字段，指的是贷款期限。

（3）参数 pv 为必需字段，指的是现值，或一系列未来付款的当前值的累积和，即贷款数额。

（4）参数 fv 为可选字段，指的是未来值，或在最后一次付款后希望得到的现金余额，如果省略，则表示这笔贷款的未来值为 0。

（5）参数 type 为可选字段，逻辑值，用以表示各期的付款时间是在期初还是期末。1 表示期初，0 或省略表示期末。

2. TODAY 函数：当前系统日期

语法：TODAY()

功能：返回当前的系统时间。

说明：参数为空。利用 TODAY 函数可以得到当前系统日期的序列号，再通过设置单元格格式，可以将此序列号以"YYYY-MM-DD"的日期形式显示出来。

3. DATEDIF 函数：返回两个日期之间的时间间隔数

语法：DATEDIF（start_date,end_date,unit）

功能：返回两个日期之间的年/月/日间隔数。

说明：

（1）参数 start_date 为必需字段，表示时间段内的第一个日期或起始日期。

（2）参数 end_date 为必需字段，表示时间段内的最后一个日期或结束日期。

（3）参数 unit 为必需字段，表示返回类型。"y"表示整数年，"m"表示整数月，"d"表示天数，"md"表示开始日期和结束日期之间忽略日期中的年和月后的天数的差。

DATEDIF 函数是 Excel 的隐藏函数，在"帮助"和"插入公式"里面是没有的，因此输入该函数时无法得到"函数参数"对话框的提示信息，需要用户直接在单元格或编辑栏中输入完整的函数信息。

4. ROUND 函数：指定位数四舍五入

语法：ROUND(number, num_digits)

功能：对指定位数的数值实施四舍五入。

说明：

（1）参数 number 为必需字段，是需要四舍五入的数字。

（2）参数 num_digits 为必需字段，是对参数 number 进行四舍五入的位数。

5. MAX 函数：最大值

语法：MAX(number1, [number2], ...)

功能：返回一组值中的最大值。

说明：参数 number1, number2, ... 中，只有参数 number1 是必需字段，后续数值是可选的。

拓展训练

1. 工龄计算

某公司办理员工退休手续，需要计算其在本单位的工作年限，即工龄。工龄计算需要精确到天，而不是直接通过当年和入职年的差额获取。

要求：打开素材"实训二 - 拓展 .xlsx"，在相应的单元格中填入数据及公式，试用相关函数计算以年为单位的当天办理退休员工的实际工龄。

> **提示：**
> 退休时间（当天）由 TODAY（ ）函数可以获取，填入 C4 单元格，在 B9 单元格中输入公式"=DATEDIF(C3,C4,"y")"以获取按年计算的工龄，引用行的单元格为 C3。

2. 个税计算

我国现行个人所得税采用的税制类型是分类所得税制，个人所得税的计税公式是：应纳税额 = 应纳税所得额 × 适用税率 - 速算扣除数，即个税计算公式"=ROUND(MAX((C3-C4)*0.01*{3,10,20,25,30,35,45}-{0,210,1410,2660,4410,7160,15160},0),2)"。已知目前个人所得税的起征点为 5 000 元。

要求：打开素材"实训二 - 拓展 .xlsx"，在相应的单元格中填入数据及公式，计算不同应纳税所得额的应纳税额。

> **提示：**
> 在 C8 中输入计算公式，模拟运算表中输入引用列的单元格为 C3。

实训三　双变量模拟运算表：资产折旧计算

双变量模拟运算表可以用来测试公式中两个变量取不同值后结果的变化。在单行和单列中分别输入两个变量值后，即可在公式所在的区域中显示运算结果。

本实训主要练习双变量模拟运算表求解的方法。

某公司有一价值 10 万元的设备，试在不同的年限、不同的现值下，求出每月的线性折旧值。

实训目的

（1）知道双变量模拟运算表的使用场景。

（2）了解双变量模拟运算表的基本概念。

（3）掌握双变量模拟运算表的操作方法。

实训分析

资产折旧计算可以通过 SLN 函数计算。由于需要计算的是每月折旧值，因此对函数的第三个参数需要转换为月。

实训内容

1. 数据及公式输入

根据题意，在“实训三 .xlsx”相应的单元格中输入数据及公式。

操作步骤

01 打开“实训三 .xlsx”，将原值 100 000 元输入 B3 单元格。

02 在双变量模拟运算表中，公式需要至少包含两个单元格引用，且输入在需要创建模拟运算表的区域的第一行第一列。因此，将公式“=SLN(B3,C3,D3*12)”输入 B7 单元格，由于参数二和参数三的单元格引用为空，所以会出现“#DIV/0!”错误，并不是操作错误，如图 2-17 所示。

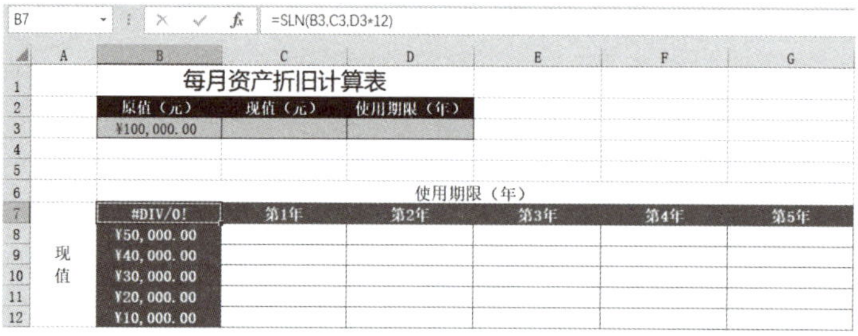
B7　fx　=SLN(B3,C3,D3*12)

	A	B	C	D	E	F	G
1		每月资产折旧计算表					
2		原值（元）	现值（元）	使用期限（年）			
3		¥100,000.00					
4							
5							
6				使用期限（年）			
7		#DIV/0!	第1年	第2年	第3年	第4年	第5年
8		¥50,000.00					
9	现	¥40,000.00					
10	值	¥30,000.00					
11		¥20,000.00					
12		¥10,000.00					

图 2-17　双变量模拟运算表的基础数据和计算公式

2. 双变量模拟运算表

利用双变量模拟运算表，计算不同的年限、不同的现值下，设备的每月线性折旧值。

操作步骤

01 选择需要创建模拟运算表的区域 B7:G12，单击“数据”选项卡“预测”组中的“模拟分析"下拉菜单中的"模拟运算表"菜单项,在弹出的"模拟运算表"对话框中,输入引用行和列的单元格,如图 2-18 所示。其中,引用行的单元格即为原本公式中产生行数据变化的单元格,即 D3 单元格;引用列的单元格即为原本公式中产生列数据变化的单元格,即 C3 单元格。

图 2-18　模拟运算表引用行和列的单元格

02 单击"确定"按钮,在选定区域就会自动创建模拟运算表,如图 2-19 所示。表中交叉点的值即为不同的年限、不同的现值下每月的资产线性折旧值。

	原值(元)	现值(元)	使用期限(年)			
	¥100,000.00					
			使用期限(年)			
	#DIV/0!	第1年	第2年	第3年	第4年	第5年
现值	¥50,000.00	¥4,166.67	¥2,083.33	¥1,388.89	¥1,041.67	¥833.33
	¥40,000.00	¥5,000.00	¥2,500.00	¥1,666.67	¥1,250.00	¥1,000.00
	¥30,000.00	¥5,833.33	¥2,916.67	¥1,944.44	¥1,458.33	¥1,166.67
	¥20,000.00	¥6,666.67	¥3,333.33	¥2,222.22	¥1,666.67	¥1,333.33
	¥10,000.00	¥7,500.00	¥3,750.00	¥2,500.00	¥1,875.00	¥1,500.00

图 2-19　双变量模拟运算表结果

知识链接

SLN 函数:求资产线性折旧值

语法:SLN(cost, salvage, life)

功能:返回某项资产在一个期间中的线性折旧值。线性折旧法也称直线折旧法或平均年限法,是使用较为普遍又简单的一种折旧计算方法。

说明:

(1)参数 cost 为必需字段,指的是资产原值。

(2)参数 salvage 为必需字段,是资产在折旧期末的价值,即资产残值。

(3)参数 life 为必需字段,是资产的折旧期数,即资产的使用寿命。

拓展训练

1. 加班工资计算

某公司员工的加班工资是由员工的基础工资、加班费系数(假设加班费系数固定为 5%)和加班时长相乘得出的。

要求：打开素材"实训三 - 拓展 .xlsx"，在相应的单元格中填入数据及公式，试计算在不同工资、不同加班时长下的员工的加班工资。

> 🔔 提示：
> 在 B9 单元格中输入公式"=C3*C4*C5"，在双变量模拟运算表求解过程中，引用行的单元格为 C5，引用列的单元格为 C3。

2. 梯形面积计算

在已知梯形下底值固定为 20 cm 的情况下，试计算在不同上底、不同高度情况下的梯形面积。

要求：打开素材"实训三 - 拓展 .xlsx"，在相应的单元格中填入数据及公式，计算梯形面积。

> 🔔 提示：
> 在 B9 单元格中输入公式"=(C3+C4)*C5/2"，在双变量模拟运算表求解过程中，引用行的单元格为 C3，引用列的单元格为 C5。

3. 九九乘法表

利用双变量模拟运算表，制作九九乘法表，如图 2-20 所示。

	A	B	C	D	E	F	G	H	I	J
1	九九乘法表									
2		1	2	3	4	5	6	7	8	9
3	1	1×1=1								
4	2	1×2=2	2×2=4							
5	3	1×3=3	2×3=6	3×3=9						
6	4	1×4=4	2×4=8	3×4=12	4×4=16					
7	5	1×5=5	2×5=10	3×5=15	4×5=20	5×5=25				
8	6	1×6=6	2×6=12	3×6=18	4×6=24	5×6=30	6×6=36			
9	7	1×7=7	2×7=14	3×7=21	4×7=28	5×7=35	6×7=42	7×7=49		
10	8	1×8=8	2×8=16	3×8=24	4×8=32	5×8=40	6×8=48	7×8=56	8×8=64	
11	9	1×9=9	2×9=18	3×9=27	4×9=36	5×9=45	6×9=54	7×9=63	8×9=72	9×9=81

图 2-20　九九乘法表

要求：打开素材"实训三 - 拓展 .xlsx"，在相应的单元格中填入数据及公式，制作九九乘法表。

> 🔔 提示：
> 在 A2 单元格中输入公式"=IF(A12>A13,"",A12&"*"&A13&"="&A12*A13)"。在弹出的"模拟运算表"对话框中，输入引用行和列的单元格"A12"和"A13"，在"模拟运算表"对话框中，输入引用行和列的单元格为"A12"和"A13"。为了和样张保持一致，需要将 A2 单元格中的公式显示的结果隐藏。右击 A2 单元格，在弹出的快捷菜单中选择"设置单元格格式"命令，在弹出的"设置单元格格式"对话框中，选择"数字"选项卡，在"分类"中选择"自定义"，在"类型"中输入三个半角分号";;;"，再单击"确定"按钮，完成对单元格内容的隐藏。

实训四　方案管理器：商品销售方案

由于模拟运算表最多只能有两个变量，因此如果需要分析两个以上的变量时，需要使用方案管理器。一个方案最多可以获取三十二个不同的值，却可以创建任意数量的方案。

例如，对于产品销售有三个预算方案——最坏情况、一般情况和最好情况，在方案管理中可以创建这三个方案，在各方案切换时，结果单元格会反映出相对应的值。

方案管理器作为一种分析工具，每个方案支持建立一组假设条件，自动产生多种结果，并可以直观地看到每个结果的显示过程。

本实训主要练习方案管理器求解的方法。

某商品的成本为 10 元，销售单价和销量会呈现反比的趋势，当销售单价上涨时，销量会有所降低，根据产品销售情况，方案汇总表见表 2-4。试利用方案管理器，生成"方案摘要"工作表，比较出各方案的差别。

表 2-4　建立方案汇总表

	最坏	一般	最好
单价（元）	¥11.00	¥12.00	¥15.00
成本（元）	¥10.00	¥10.00	¥10.00
销量（个）	1000	800	500

实训目的

（1）知道方案管理器的使用场景。
（2）了解方案管理器的基本概念。
（3）掌握方案管理器的操作方法。

实训内容

1. 建立分析方案

根据题意，在"实训四 .xlsx"相应的单元格中输入基础数据，完成分析方案的建立。

操作步骤

打开"实训四 .xlsx"，根据表 2-4 所示的方案汇总表，在工作表中输入基础数据，如图 2-21 所示。建立分析方案。

2. 建立计算公式

不同的方案有不同的公式进行计算，需要根据实际情况建立计算公式，在本例中，利润值 =（单价 - 成本）× 销量。

操作步骤

在 D8 单元格中输入公式"=(A8-B8)*C8"，如图 2-22 所示。

商品销售方案			
	最坏	一般	最好
单价	¥11.00	¥12.00	¥15.00
成本	¥10.00	¥10.00	¥10.00
销量	1000	800	500

图 2-21　方案汇总表中输入数据

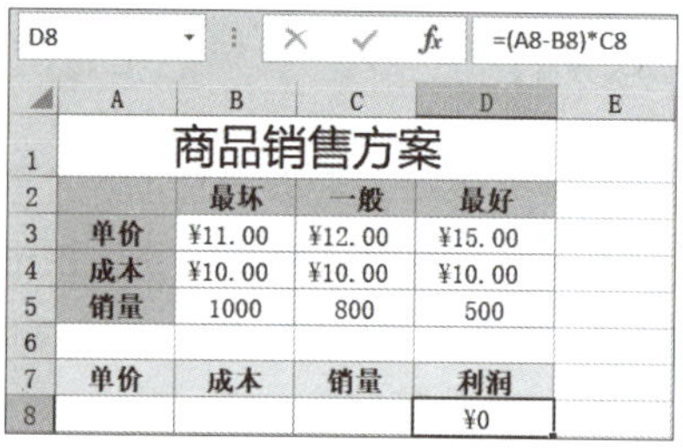

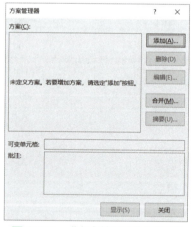

图 2-22　建立计算公式

3. 添加方案

添加方案，并生成“方案摘要”工作表。

操作步骤

01 单击“数据”选项卡“预测”组中的“模拟分析”下拉菜单中的“方案管理器”菜单项，在弹出的“方案管理器”对话框中单击“添加”按钮，如图 2-23 所示。

图 2-23　“方案管理器”对话框

02 在弹出的“添加方案”对话框中输入方案名和可变单元格，如图 2-24 所示。

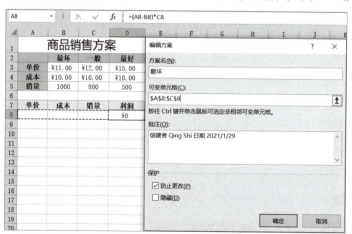

图 2-24　“添加方案”对话框

03 单击"确定"按钮,在弹出的"方案变量值"对话框中对当前的方案进行赋值,如图2-25所示。

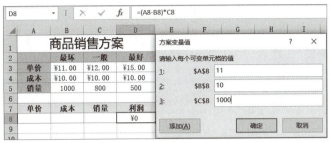

图 2-25 "方案变量值"对话框

04 参考上述步骤,依次添加余下的方案,完成后的方案管理器如图2-26所示。

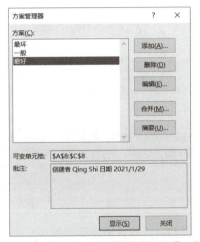

图 2-26 添加方案后的"方案管理器"对话框

05 选择"方案管理器"对话框中的方案,再单击"显示"按钮,即可将不同的方案内容显示在表中,如图2-27所示。

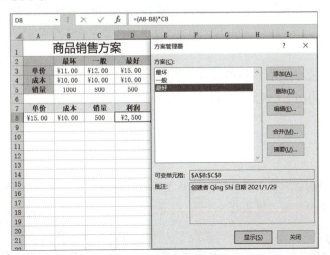

图 2-27 添加方案后

06 如果需要生成报表，单击"方案管理器"对话框中的"摘要"按钮，在弹出的如图 2-28 所示的"方案摘要"对话框中对报表类型进行选择，即可在当前工作表之前生成一个"方案摘要"或"方案数据透视表"的工作表。

07 通过"方案摘要"工作表，可以立即比较出各方案的差别，如图 2-29 所示。

图 2-28 "方案摘要"对话框

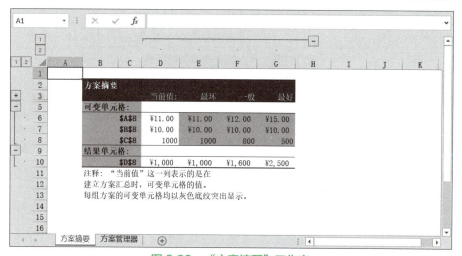

图 2-29 "方案摘要"工作表

知识链接

SUMPRODUCT 函数：返回数组或区域乘积的和

语法：SUMPRODUCT(array1,[array2], [array3], ...)

功能：返回相应的数组或区域乘积的和。

说明：

（1）参数 array1 为必需字段，是其相应元素需要进行相乘并求和的第一个数组参数。

（2）参数 array2, array3, ... 为可选字段，可以选择 2 ~ 255 个数组参数，其相应元素需要进行相乘并求和。

其中，数组参数必须具有相同的维数，否则将返回错误值 " #VALUE!"。对于将非数值型的数组元素，SUMPRODUCT 函数将其作为 0 处理。

拓展训练

工资调整方案

已知某学校计划调整教师工资，预计每月工资发放从 300 万元增加至 350 万元，相关部门制作了三套方案供决策者参考，见表 2-5。

表 2-5　各方案调整系数

职　　称	方案一系数	方案二系数	方案三系数
教授	6	5	4
副教授	5	4	3
讲师	3	2.5	2
助教	1	1	1

各职称目前人数为：

教授：40 人；副教授：80 人；讲师：120 人；助教：90 人。

要求：打开素材"实训四 - 拓展 .xlsx"，在相应的单元格中填入数据及公式，试完成该工资调整方案的分析，并生成方案摘要。

提示：

人均工资计算公式为"=3 500 000/SUMPRODUCT($B$3:$B$6,$C$3:$C$6)*B3"。

实训五　综合练习：投资计算

本实训主要练习单变量求解、单变量模拟运算表求解和双变量模拟运算表求解的方法。

小李欲贷款投资开商铺，请帮他预估一下在不同贷款额、不同贷款利率、不同贷款年限下的每月还款额。试按照以下要求在"实训五.xlsx"中完成计算：

（1）假设小李贷款 100 万元，贷款利率为 7%，贷款 20 年。试利用 PV 函数，在对应的单元格中填入计算公式，执行单变量求解，计算每月还款额。

（2）假设小李贷款 200 万元，贷款利率为 6.5%，贷款年限分别为 10 年、15 年、20 年、25 年。试利用 PMT 函数，在对应的单元格中填入计算公式。在 D8:H9 区域执行单变量模拟运算表求解，计算每月还款额。

（3）假设小李贷款 300 万元，贷款利率分别为 3.5%、5.5%、7.5%、9.5%，贷款年限分别为 10 年、15 年、20 年、25 年。试利用 PMT 函数，在对应的单元格中填入计算公式。在 D12:H16 区域执行双变量模拟运算表求解，计算每月还款额。

实训目的

（1）掌握单变量求解。
（2）掌握单变量模拟运算表求解。
（3）掌握双变量模拟运算表求解。

实训分析

根据实际需求，该模拟分析案例可分为三个部分，每个部分分别完成单变量求解、单变量模拟运算表求解和双变量模拟运算表求解。其中涉及支出款项的部分，均可以记为负数。

实训内容

1. 单变量求解计算每月还款额

根据题意，在"实训五.xlsx"相应的单元格中输入数据及公式，并利用单变量求解计算每月还款额。

操作步骤

01 此题使用单变量求解。在目标单元格 E5 中输入公式"=PV(E2/12,E4*12,-E3)"。

02 单击"数据"选项卡"预测"组中的"模拟分析"下拉菜单中的"单变量求解"菜单项，在弹出的"单变量求解"对话框中，输入目标值 1 000 000，选择可变单元格 E3，单击"确定"按钮。

03 在弹出的"单变量求解状态"对话框中会显示求解状态，单击"确定"按钮后，工作表中的目标数据单元格中的数据就会变成之前设定的目标值 1 000 000，可变单元格中的数据即为单变量求解后的结果，如图 2-30 所示。

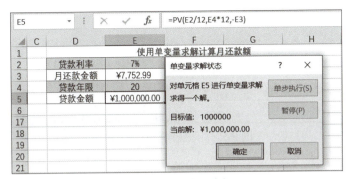

图 2-30　单变量求解

2. 单变量模拟运算表计算每月还款额

根据题意，在"实训五.xlsx"相应的单元格中输入数据及公式，并利用单变量模拟运算表计算每月还款额。

操作步骤

01 此题使用单变量模拟运算表。在 D9 单元格中输入公式"=PMT(B8/12,B9*12,-B7)"。选择需要创建模拟运算表的区域。

02 选择需要创建模拟运算表的区域 D8:H9，单击"数据"选项卡"预测"组中的"模拟分析"下拉菜单中的"模拟运算表"菜单项，在弹出的"模拟运算表"对话框中，输入引用行的单元格 B9，单击"确定"按钮，完成后的效果如图 2-31 所示。

	A	B	C	D	E	F	G	H
D9				=PMT(B8/12,B9*12,-B7)				
6								
7	贷款总金额	2000000		使用单变量模拟运算表计算月还款额				
8	贷款利率	6.50%			10	15	20	25
9	贷款年限			#NUM!	¥22,709.60	¥17,422.15	¥14,911.46	¥13,504.14

图 2-31　单变量模拟运算表

3. 双变量模拟运算表计算每月还款额

根据题意，在"实训五.xlsx"相应的单元格中输入数据及公式，并利用双变量模拟运算表计算每月还款额。

操作步骤

01 此题使用双变量模拟运算表。在 D12 单元格中输入公式"=PMT(B15/12,B16*12,-B14)"。选择需要创建模拟运算表的区域

02 选择需要创建模拟运算表的区域 D12:H16，单击"数据"选项卡"预测"组中的"模拟分析"下拉菜单中的"模拟运算表"菜单项，在弹出的"模拟运算表"对话框中，输入引用行的单元格 B16，输入引用列的单元格 B15，单击"确定"按钮，完成后的效果如图 2-32 所示。

	A	B	C	D	E	F	G	H
10								
11					使用双变量模拟运算表计算月还款额			
12				#NUM!	10	15	20	25
13				3.50%	¥29,665.76	¥21,446.48	¥17,398.79	¥15,018.71
14	贷款总金额	3000000		5.50%	¥32,557.88	¥24,512.50	¥20,636.62	¥18,422.62
15	贷款利率			7.50%	¥35,610.53	¥27,810.37	¥24,167.80	¥22,169.74
16	贷款年限			9.50%	¥38,819.27	¥31,326.74	¥27,963.94	¥26,210.90

D12 = PMT(B15/12,B16*12,-B14)

图 2-32　双变量模拟运算表

知识链接

PV 函数：计算投资现值

语法：PV(rate, nper, pmt, [fv], [type])

功能：返回投资的现值。现值为一系列未来付款的当前值的累积和。

说明：

（1）参数 rate 为必需字段，指的是利率。

（2）参数 nper 为必需字段，指的是总期限。

（3）参数 pmt 为必需字段，为各期应支付的金额，其数值在整个投资期限内不变。

（4）参数 fv 为可选字段，指的是未来值，省略 fv 参数即假设其值为 0，也就是一笔贷款的未来值为零，此时不能省略 pmt 参数。

（5）参数 type 为可选字段，逻辑值，用以表示各期的付款时间是在期初还是期末。1 表示期初，0 或省略表示期末。

计算投资现值是财务投资决策中非常重要的一个环节，只有当计算得到的投资现值大于实际投资成本时，该项投资才是有价值的。

拓展训练

1. 养老金计划

某公司计划为 30 年后退休的一批员工制定养老金计划，试按照要求在"实训五 - 拓展 .xlsx"中完成计算：

（1）假设这些员工退休后可以每月领钱，连续领取 25 年。公司预算为每个员工 30 年后需要的那笔资金数额设定为 50 万元，若存款的年利率为 3%，这些员工退休后每月月底可以从银行领取多少元？试利用 PV 函数，在对应的单元格中填入计算公式，执行单变量求解计算每月可领取额。

（2）假设投入的金额设定为 100 万元，连续领取年限依然是 25 年，试利用 PMT 函数，在对应的单元格中填入计算公式，计算利率分别为 3.5%、4.6%、5.7%、6.9% 的员工每月可领取额。

（3）假设连续领取年限依然是 25 年，试利用 PMT 函数，求出利率分别为 3.5%、4.6%、5.7%、6.9%，投入的金额分别为 50 万元、65 万元、88 万元、100 万元的情况下，员工每月可领取额。

要求：打开素材"实训五 - 拓展 .xlsx"，在相应的单元格中填入数据及公式，完成计算。

> **提示：**
> （1）在 C6 单元格中输入公式"=PV(C3/12,C5*12,-C4)"。
> （2）在 E9 单元格中输入公式"=PMT(B10/12,B11*12,-B9,0,0)"。
> （3）在 D16 单元格中输入公式"=PMT(B17/12,B18*12,-B16)"。

2. 教育金计划

老王想给孩子存一笔高等教育资金，试按照要求在"实训五-拓展.xlsx"中完成计算：

（1）假设 18 年后需要 100 万元，老王预计从现在开始每月存入的教育金是 2 000 元，那他需要选择的教育金理财项目的年化利率至少是多少？试利用 PMT 函数，在对应的单元格中填入计算公式，执行单变量求解计算教育金理财项目的年化利率。

（2）假设老王选择的教育金理财项目的年化利率为 8%，试利用 PMT 函数，在对应的单元格中填入计算公式，计算 18 年后需要教育金为 100 万元、120 万元、150 万元和 180 万元的情况下，老王每月需要存入的金额。

（3）假设年限依然是 18 年，试利用 PMT 函数，求出利率分别为 6.4%、7.5%、8.0%、9.6%，需要教育金为 100 万元、120 万元、150 万元和 180 万元的情况下，老王每月需要存入的金额。

要求：打开素材"实训五-拓展.xlsx"，在相应的单元格中填入数据及公式，完成计算。

> **提示：**
> （1）在 C4 单元格中输入公式"=PMT(C3/12,C5*12,-C6)"。
> （2）在 D10 单元格中输入公式"=PMT(B10/12,B11*12,-B9)"。
> （3）在 D16 单元格中输入公式"=PMT(B17/12,B18*12,-B16)"。

3. 购车计划

小孙有一个购车计划，试按照要求在"实训五-拓展.xlsx"中完成计算：

（1）假设小孙的目标购置车辆需要 50 万元，他目前有购车款 20 万元，如果他每月另外投资一个年化利率为 4.5% 的理财项目，每月投资额为 4 000 元，请问他需要多少年才能完成购车？试利用 PMT 函数，在对应的单元格中填入计算公式，执行单变量求解需要的购车年限。

（2）假设小孙的目标购置车辆所需金额不变，已有的购车款不变，试利用 PMT 函数，在对应的单元格中填入计算公式，计算在投资的理财项目年化利率为 5% 的情况下，购车年限为 2 年、3 年、4 年、5 年的每月投资额。

（3）假设小孙已有的购车款不变，试利用 PMT 函数，在对应的单元格中填入计算公式，计算购车年限为 2 年、3 年、4 年、5 年，购车总价为 35 万元、40 万元、50 万元、65 万元的情况下的每月投资额。

要求：打开素材"实训五-拓展.xlsx"，在相应的单元格中填入数据及公式，完成计算。

> **提示：**
> （1）在 C4 单元格中输入公式"=PMT(C3/12,C5*12,200000,-C6)"。
> （2）在 E9 单元格中输入公式"=PMT(B10/12,B11*12,200000,-B9)"。
> （3）在 D16 单元格中输入公式"=PMT(B17/12,B18*12,200000,-B16)"。

第 3 章
数据可视化基础

本章主要讲解 Fine BI 软件安装、数据文件导入、数据连接、仪表板的创建以及各类可视化组件的运用。

通过本章的实训和拓展训练,可以熟悉可视化软件的主要工作界面,理解并掌握数据导入、仪表板创建、组件添加、保存导出等数据可视化流程的具体操作,同时,通过实训练习可以熟练掌握不同可视化组件的绘制和运用。

实训一　软件安装

Fine BI 是帆软软件有限公司推出的一款商业智能(Business Intelligence)产品,该产品以业务需求为导向,通过便携的数据处理和管控,提供高效快捷的自助探索分析。使用 Fine BI,业务人员可以自主制作仪表板,数据取于业务、用于业务,数据分析结果更能满足实际需求。

Fine BI 软件的安装需满足一定的环境要求。

(1)硬件要求:CPU 的性能在 Intel Core i3 或以上,内存大小 4 GB 或以上,硬盘可用空间为 2 GB 或以上。

(2)软件要求:Windows 的操作系统版本为 Windows 7 或以上的 64 位系统。Mac 的操作系统版本为 Mac OS 10 或以上。Linux 的操作系统为 Centos、Red Hat 等。

实训目的

(1)了解 Fine BI 软件安装的软硬件环境要求。
(2)掌握 Fine BI 安装包的下载方法。
(3)掌握 Fine BI 软件的安装步骤。
(4)了解 Fine BI 软件的界面与功能。

实训分析

根据自己的计算机操作系统,在帆软官网下载对应版本的 Fine BI 安装包并进行安装。软件安装完成后,熟悉 Fine BI 软件主界面上的功能菜单及各菜单提供的数据操作功能。

实训内容

1. Fine BI 安装包下载

打开帆软官网,进入 Fine BI 的产品下载页面,下载 Fine BI 软件安装包。

操作步骤

01 在浏览器中输入 https://www.fanruan.com/,打开帆软官网。帆软官网除了提供产品的免费试用版,还提供商用版(需联系帆软业务人员进行购买)。

02 单击"社区"导航,进入 https://bbs.fanruan.com/ 页面,在该页面中找到 Finc BI 的"产品下载"导航。

03 打开 Fine BI 的产品下载页面(https://www.Fine BI.com/product/download/)。在页面中提供了三种安装包,可根据自己的计算机操作系统选择下载对应版本的安装包,Fine BI 的下载页面如图 3-1 所示。

图 3-1　Fine BI 的下载页面

04 以 Windows 版 64 位系统环境下的 Fine BI V5.1.15 免费版为例,进行该版本 Fine BI 软件安装包的下载。

2. Fine BI 软件安装

运行 Fine BI 软件安装包,获取免费激活码,激活 Fine BI 软件程序。

操作步骤

01 运行安装文件,加载安装程序向导,如图 3-2 所示,单击"下一步"按钮。

02 在"许可协议"界面,选择"我接受协议"选项,单击"下一步"按钮。

03 在"选择安装目录"界面,设置程序安装的路径,如图 3-3 所示,单击"下一步"按钮。

04 在"设置最大内存"界面,设置最大 jvm 内存,一般默认即可(最低设置为 2 048),如图 3-4 所示,单击"下一步"按钮。要注意的是,最大 jvm 内存数不能超过本机最大内存。

图 3-2　Fine BI 安装程序向导

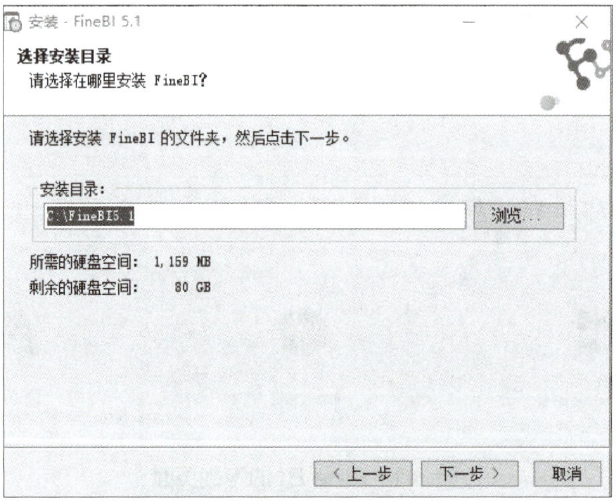

图 3-3　Fine BI 安装目录选择

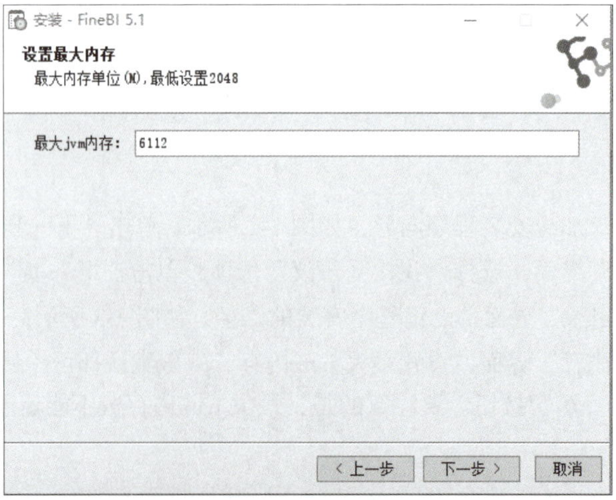

图 3-4　Fine BI 最大内存设置

05 在"选择开始菜单文件夹"界面，设置快捷方式模式，一般默认即可，单击"下一步"按钮。

06 在"选择附加工作"界面，设置附加工作的情况，一般默认即可，单击"下一步"按钮。

07 等待 Fine BI 软件的安装，如图 3-5 所示。

图 3-5　Fine BI 软件安装

08 在"完成 Fine BI 安装程序"界面，如图 3-6 所示，单击"完成"按钮，程序安装成功。要注意的是，如果勾选"运行 Fine BI"复选框，程序安装完成后，Fine BI 会自动运行。

图 3-6　Fine BI 软件安装完成

09 Fine BI 软件首次运行，需要输入免费激活码，如图 3-7 所示，输入正确的激活码，单击"使用 BI"按钮即可进入软件使用界面。

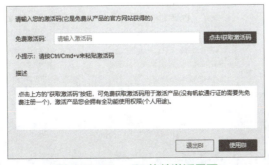

图 3-7　Fine BI 软件激活界面

⑩ 如无激活码，可单击"点击！获取激活码"按钮，跳转到免费获取 Fine BI 激活码页面，注册登录、填入个性化信息，即可获取产品的激活码。

3. Fine BI 软件启动

启动 Fine BI 软件，登录 Fine BI 软件，设置 Fine BI 数据库类型。

操作步骤

① 程序安装后，可通过双击 Fine BI 的桌面快捷方式启动该程序，如图 3-8 所示，也可单击"开始|Fine BI"启动该程序。

② 由于 Fine BI 安装包中包含了 Tomcat 的服务器环境，故软件启动的同时会打开相应的后台服务窗口，如图 3-9 所示，供用户监控后台服务运行情况。一般将其最小化即可。

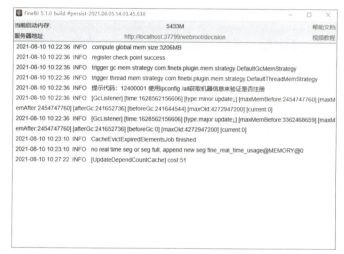

图 3-8　Fine BI 桌面快捷方式　　　　图 3-9　Fine BI 后台服务窗口

③ 当后台服务窗口启动后，Fine BI 会以浏览器窗口的形式启动软件。浏览器中出现 Fine BI 的登录界面。输入正确的用户名和密码，单击"确定"按钮。

首次登录 Fine BI 软件会要求设置用户名、密码和数据库类型等。内置数据库适用于个人本地试用，而外接数据库适用于企业正式使用，这里选择内置数据库即可，如图 3-10 所示。

图 3-10　Fine BI 数据库选择界面

4. Fine BI 软件界面

熟悉 Fine BI 软件的主界面,了解 Fine BI 软件的功能菜单。

操作步骤

01 打开 Fine BI 软件后在浏览器中出现该软件的主界面,如图 3-11 所示。该界面左侧为功能菜单,提供"目录""仪表板""数据准备""管理系统"四个功能菜单。界面右上方提供"帮助""消息""账号设置"三个功能按钮,界面右侧为资源栏目,提供帆软官方网站上的学习资源(需连网访问)。

图 3-11 Fine BI 主界面

02 单击左侧的"目录"功能菜单,可以看到"目录"功能菜单主要分为目录区域和预览区域,如图 3-12 所示。目录区域用于显示系统中的仪表板列表,预览区域用于显示指定仪表板的内容。目录区域提供的功能按钮,见表 3-1。

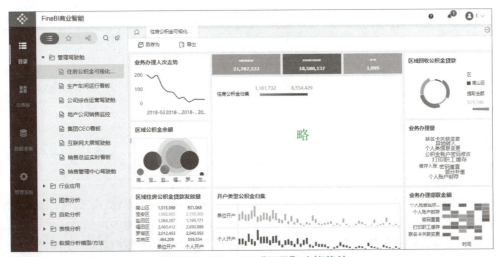

图 3-12 Fine BI "目录"功能菜单

表 3-1　Fine BI "目录" 区域功能按钮列表

按 钮 名 称	按 钮 图 标	按 钮 功 能
目录按钮	▤	单击该按钮，可以查看系统中的所有仪表板
收藏按钮	☆	单击该按钮，可以查看用户收藏的仪表板
查看分享按钮	⋖	单击该按钮，可以查看其他用户分享给当前用户的仪表板
搜索按钮	🔍	单击该按钮，可以通过关键字搜索仪表板
固定按钮	⚲	单击该按钮，可以固定仪表板目录栏，再次单击可使该目录栏隐藏

03　"仪表板"功能菜单可用于创建、编辑和管理仪表板。在"仪表板"导航栏下，存放了用户所有的仪表板。单击左侧的"仪表板"功能菜单，如图 3-13 所示。"仪表板"功能菜单提供的功能按钮，见表 3-2。

图 3-13　Fine BI "仪表板" 功能菜单

表 3-2　Fine BI "仪表板" 区域功能按钮列表

按 钮 名 称	按 钮 图 标	按 钮 功 能
新建仪表板按钮	📄	单击该按钮，可以新建仪表板
新建文件夹按钮	📁	单击该按钮，可以新建文件夹
搜索按钮	🔍	单击该按钮，可以搜索仪表板
列表显示按钮	≡ ▦	单击该按钮，可以设置仪表板列表的显示方式
排序按钮	⇅	单击该按钮，可以对仪表板列表进行排序

04　"数据准备"功能菜单用于创建、编辑和管理数据集，提供业务包、数据表、自助数据集、多表关联和数据更新等功能。单击左侧的"数据准备"功能菜单，如图 3-14 所示。"数据准备"功能菜单主要分为数据列表区域和数据预览区域。"数据准备"功能菜单提供的功能按钮，见表 3-3。

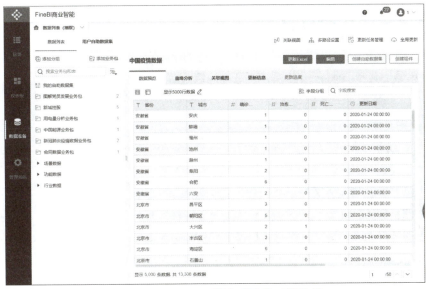

图 3-14　Fine BI "数据准备" 功能菜单

表 3-3　Fine BI "数据准备" 区域功能按钮列表

按 钮 名 称	按 钮 图 标	按 钮 功 能
明细展示按钮	⊞	单击该按钮，可以展示所有的字段、字段类型和数据信息
表结构展示按钮	▯	单击该按钮，可以显示字段类型、字段名和原始名
搜索按钮	⋈	单击该按钮，可以对数据集字段进行分类管理

05 "管理系统"功能菜单用于管理和配置软件，提供目录、用户、外观、权限等的管理配置以及数据和业务迁移等。单击左侧的"管理系统"功能菜单，如图 3-15 所示。

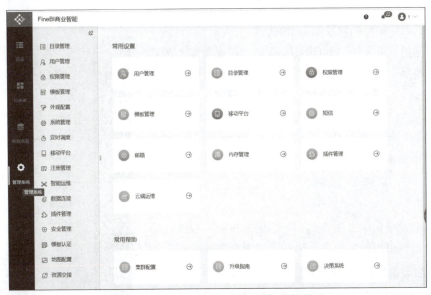

图 3-15　Fine BI "管理系统" 功能菜单

实训二 数据文件导入

现有某公司 2009 年至 2012 年的销售数据,该数据保存在数据文件"某公司销售数据.xlsx"中,包含订单号、订单日期、顾客姓名、订单等级、订单数量、销售额、折扣点、运输方式、利润额、单价、运输成本、区域、省份、城市、产品类别、产品子类别、产品名称、产品包箱、运送日期等数据字段。

实训目的

(1)了解数据准备、业务包、数据表管理。
(2)掌握数据文件导入。
(3)掌握在数据导入过程中进行字段类型转换。

实训分析

数据是可视化组件的基础,本实训需将"某公司销售数据.xlsx"中的"全国订单明细"工作表作为数据集导入到 Fine BI 中。

实训内容

1. 数据导入

在"数据准备"功能菜单下的数据列表中,添加名为"某公司销售数据分析"的分组,并在该组内添加名为"第一张仪表板"的业务包。为"第一张仪表板"业务包添加 Excel 数据集,数据集名"2009 年至 2012 年全国订单明细",数据源为"某公司销售分析数据.xlsx"中"全国订单明细"工作表。

操作步骤

01 使用账号和密码登录 Fine BI 软件。

02 添加组与业务包。如图 3-16 所示,单击主页左侧导航栏"数据准备"按钮,在"数据列表"选项卡中,单击"添加分组"按钮,即可在下方添加一个名为"分组"的分组,修改业务包名为"某公司销售数据分析"组。选中"某公司销售数据分析"组,单击组名右侧"+"添加按钮,在展开的下拉菜单中单击"业务包",即在"某公司销售数据分析"组下添加一个名为"业务包"的业务包,修改业务包名为"第一张仪表板"。

选中组名,单击组名后方的"…"更多按钮,在展开的下拉菜单中可对组进行重命名、移动到、删除等操作。

03 添加数据集。单击"数据列表"选项卡中"某公司销售数据分析"组中"第一张仪表板"打开业务包,将鼠标移至"添加表"按钮上,在展开下拉菜单中单击选择添加表

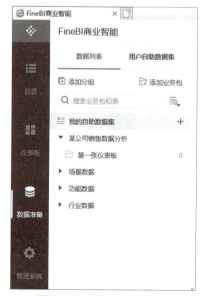

图 3-16 添加组与业务包

类型为"Excel 数据集",此时弹出"选择要加载的文件"对话框,正确打开"某公司销售数据.xlsx"所在地址目录并选中该数据文件后,单击"打开"按钮,软件即刻转至"新建 Excel 数据集"界面进行数据集上传。

在"新建 Excel 数据集"界面中,如图 3-17 所示,将界面左侧"某公司销售数据.xlsx"下"全国订单明细"工作表前的复选框勾选中,修改表名为"2009 年至 2012 年全国订单明细"。当前界面为数据集的明细展示,在单击"确定"按钮完成数据集添加前可先检查数据集中是否存在不规范的数据类型。

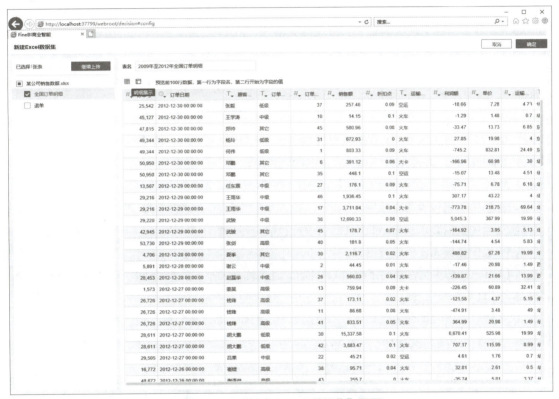

图 3-17 "新建 Excel 数据集"界面

2. 字段类型转换

找出"2009 年至 2012 年全国订单明细"数据集中不规范的数据类型(字段类型),并将其字段类型修改正确。

> **注意:**
> 观察数据集的明细展示发现,数据集中的"订单号"是一组由数字构成的编号,Fine BI 将其字段类型映射为数值类型,但"订单号"不需要进行诸如求和、平均、中位数、最大值、最小值、标准差、方差等汇总计算,所以应将其转换为文本类型更为合适。

操作步骤

01 在数据集的明细展示界面下,单击"订单号"字段名前面的字段类型图标,在展开的菜单中单击"文本"选项进行字段类型转换，如图 3-18 所示。

02 单击右上角"确定"按钮，完成数据集的新建和添加。

知识链接

1. 数据文件格式要求

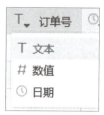

图 3-18 数据类型（字段类型）更改

在数据准备过程中，软件通过添加组、业务包的方式来管理表或数据集。

表或数据集指一个数据的集合，以二维表格形式出现。表名称是唯一的，不能有重名。

如图 3-19 所示，我们可以在业务包中添加四种表类型：数据库表、SQL 数据集、Excel 数据集、自助数据集。

本书中的案例选择 Excel 工作簿为数据源，对于 Excel 工作表，需遵循以下规则（如图 3-20 所示格式）：

图 3-19 "主题场景"业务包中的数据集和表

（1）表中不得包含透视数据。

（2）表中数据必须从 Excel 文件的第一行、第一列开始。

（3）表中数据无任何空行空列。

（4）第一行必须包含表的字段名（列名），且名称必须唯一，如"订单号""订单日期""顾客姓名""订单等级"等。

（5）同一列中的数据必须具有相同数据类型。例如："订单数量"应只包含数值类型，"顾客姓名""订单等级"应为为文本类型。

	A	B	C	D	E	F
1	订单号	订单日期	顾客姓名	订单等级	订单数量	销售额
2	25542	2012-12-30	张毅	低级	37	257.46
3	45127	2012-12-30	王学涛	中级	10	14.15
4	47815	2012-12-30	郑帅	其它	45	580.96
5	49344	2012-12-30	杨玲	低级	31	672.93
6	49344	2012-12-30	何伟	低级	1	803.33
7	50950	2012-12-30	邓鹏	其它	6	391.12
8	50950	2012-12-30	邓鹏	其它	35	448.1
9	13507	2012-12-29	任东霖	中级	27	176.1
10	29216	2012-12-29	王雨华	中级	46	1936.45
11	29216	2012-12-29	王雨华	中级	17	3711.04
12	29220	2012-12-29	武骏	中级	36	12690.33

图 3-20 Excel 工作表格式

2. 数据类型

1）Fine BI 支持的数据类型

Fine BI 支持以下基本的数据类型：文本类型、数值类型、日期类型等，如图 3-21 所示，可以通过单击"数据预览"下"表结构展示"按钮查看表的字段类型。

Fine BI 从数据源加载读取数据时，会尝试将加载字段列的数据类型映射到支持的数据类型。

例如，只包含数字值的字段列将映射为数值类型；只包含日期值的字段列将映射为日期类型；只包含字符串或者数字与字符串混合的字段列将映射为文本类型。

图 3-21　表结构展示 - 字段类型

2）数据类型转换

在常规操作中，Fine BI 可能会将字段类型标识为不正确的数据类型。例如，本实训中的"订单号"是由一组数字构成的编号而不是数字类型，如图 3-21 所示，可以在添加表的过程中进行转换，值得注意的是，一旦单击"确定"按钮完成数据集添加后，在组件和仪表板工作界面下将不能再对表中数据进行任何修改。如需整理原始数据，可以通过数据准备目录中添加自助数据集来完成。

实训三　仪表板和组件制作基础

根据"2009 年至 2012 年全国订单明细"数据集，创作一个主题为销售额与利润额的仪表板来概况性地了解该公司整体销售情况，并通过实训操作熟悉 Fine BI 的主要操作功能和工作界面。

实训目的

（1）掌握数据可视化流程。
（2）掌握仪表板的创建和设计。
（3）掌握添加组件、选择数据表，可视化组件类型选择及更改，组件属性、组件样式设置。
（4）掌握如何在仪表板中添加多个可视化组件，仪表板布局设置。
（5）掌握可视化结果的保存和导出。

实训分析

利用"2009 年至 2012 年全国订单明细"数据集，对数据进行可视化展示，了解该公司产品总销售、总利润以及各产品子类别的销售与利润概况。

实训内容

制作如图 3-22 所示的仪表板。

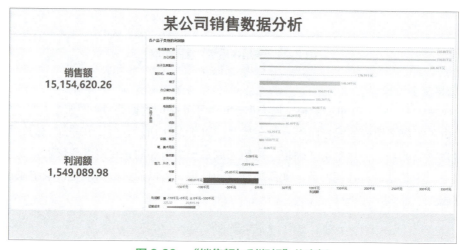

图 3-22　"销售额与利润额"仪表板

1. 仪表板创建和编辑

在"仪表板"功能菜单中，新建名为"某公司销售数据分析"文件夹，在该文件夹下新建名为"销售额与利润额"的仪表板。设置仪表板样式为"预设样式 4"。

操作步骤

 新建仪表板。

（1）单击主页左侧导航栏"仪表板"按钮，单击"新建文件夹"按钮，即可在下方添加一个文件夹,修改文件夹名称为"某公司销售数据分析"。

> **注意:**
> 一个项目的数据可视化展示往往会包含很多仪表板,这些仪表板可以按照主题、业务或层次等关系进行划分,Fine BI通过创建文件夹来管理仪表板。

(2)单击进入该文件夹内,单击界面上方的"新建仪表板"按钮,如图3-23所示,在弹出的对话框中输入仪表板名称为"销售额与利润额",新建仪表板存放位置可展开下拉菜单进行选择修改。单击"确定"按钮完成仪表板的创建,软件会跳转至仪表板工作界面。

① 仪表板工作界面。仪表板工作界面如图3-24所示,主要用于仪表板样式、布局、仪表板数据范围筛选设置等操作。

界面左侧有"组件""过滤组件""其他"和"复用"功能按钮。

- 组件:添加组件(可视化组件);
- 过滤组件:为仪表板增加时间、文本、数值等过滤组件;
- 其他:为仪表板添加文本、图片、Web、Tab组件;
- 复用:将已有的组件添加到当前仪表板中。

② 仪表板编辑。

单击"销售额与利润额"仪表板上方的"仪表板样式"按钮,在界面左侧会弹出"仪表板样式"窗格,如图3-25所示,选择"预设样式4"并单击"确定"按钮即可应用该样式。如需对仪表板进行其他格式设置,可以通过"仪表板样式"窗格中"仪表板""标题""组件"等进行自定义设置。

图 3-23 新建仪表板

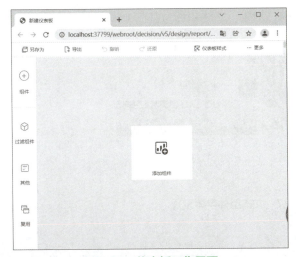

图 3-24 仪表板工作界面

图 3-25 仪表板样式

🔊 注意:

Fine BI 提供自动保存功能,在制作仪表板过程中,系统会自动保存用户的操作结果,无须用户另行操作。

2. 文本组件的创建

为"销售额与利润额"仪表板添加文本组件,输入文本"某公司销售数据分析",设置文本格式字体为黑体,字号为64,加粗,字体颜色为蓝色(#007bbb),居中。

操作步骤

01 单击仪表板工作界面左侧"其他"按钮,在展开的菜单中单击"文本组件"按钮,会在仪表板中添加一个文本组件,如图 3-26 所示。

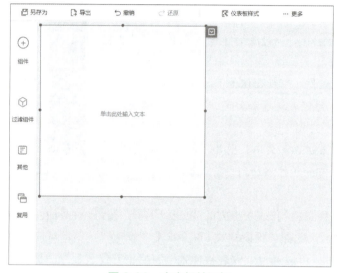

图 3-26　文本组件添加

02 单击仪表板中的文本组件,输入文本"某公司销售数据分析",如图 3-27 所示,选中文本,设置文本格式字体为黑体,字号为64,加粗,字体颜色为蓝色(#007bbb),居中。

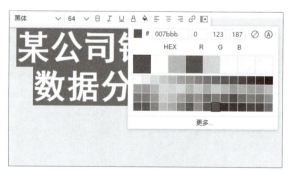

图 3-27　文本组件字体设置

3. Kpi 指标卡组件的创建

为"销售额与利润额"仪表板添加第二个组件,用于呈现销售额总和。组件类型为"Kpi 指标卡"，组件标题不显示。文字格式字号为 40、加粗、红色，数值字号为 40、加粗、蓝色。

操作步骤

01 单击仪表板工作界面左侧的"⊕"添加组件按钮，弹出"添加组件"对话框，选择"2009 年至 2012 年全国订单明细"数据集，单击"确定"按钮完成数据集添加，如图 3-28 所示，软件跳转至组件工作界面。

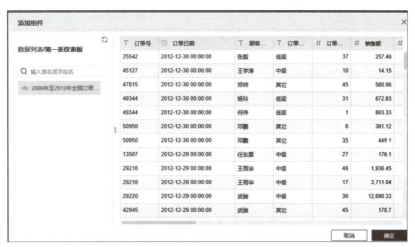

图 3-28　添加组件对话框 - 选择数据集

02 组件工作界面。组件工作界面如图 3-29 所示，主要用于维度、指标数据选择、组件类型、组件属性、组件样式、组件数据范围设置等可视化组件编辑操作。

图 3-29　组件工作界面

界面左侧数据窗格上方为"维度字段区域",下方为"指标字段区域";中间设置窗格上方为"组件类型面板",下方为"组件属性/组件样式面板";右侧为"组件预览窗格"。

03 将指标区域的"销售额"字段拖入组件预览窗格,此时软件会自动生成组件,组件类型为"分组表",并且自动对指标"销售额"字段进行求和计算,效果如图 3-30 所示。

图 3-30　自动生成组件

04 单击组件类型中"123"Kpi 指标卡图标即可完成组件类型更改,效果如图 3-31 所示。

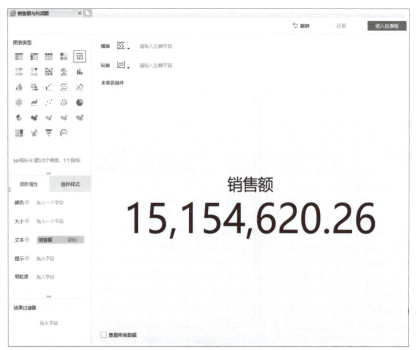

图 3-31　更改组件类型

05 单击图 3-31 图形属性面板中文本"设置"按钮，随即在左侧弹出"内容格式"设置对话框，单击"编辑"按钮，弹出"编辑文本"对话框。如图 3-32 所示，单击选中"自定义"字体样式，选中文本"销售额"，设置字号为 40，加粗，红色（#dd4b4b）。选中"销售额（求和）"，设置字号为 40，加粗，蓝色（#007bbb）。文本格式设置完成，单击"确定"按钮，可视化效果如图 3-33 所示。

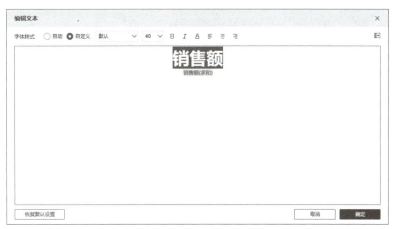

图 3-32　自定义编辑文本"销售额"

图 3-33　组件 2 效果

06 单击图 3-33 界面右上方"进入仪表板"按钮，软件转至仪表板工作界面。如图 3-34 所示，组件标题默认显示，可以在仪表板工作界面下选中组件，在弹出的菜单中单击下拉按钮，取消"显示标题"的勾选。

> **注意**：
> 单击菜单中"编辑"按钮 ⌀，可再次进入组件工作界面对组件进行编辑修改。

图 3-34 仪表板工作界面 - 组件 2

07 参考上述步骤为"销售额与利润额"仪表板添加第三个组件，用于呈现利润额总和。组件类型为"Kpi 指标卡"。文字格式为文本字号为 40、加粗、红色，数值字号为 64、加粗、蓝色。

4. 分区柱形图组件的创建

（1）为"销售额与利润额"仪表板添加第四个组件，用于呈现各产品子类别的利润额情况。

（2）设置组件标题为"各产品子类别的销售额与利润额"，标题文字加粗，左对齐。

（3）组件类型为分区柱形图，图例显示在下方。

（4）设置颜色依据为"利润额"，利润额大于 0，绿色显示；利润额小于等于 0，红色显示。

（5）设置大小的依据为"运输成本"。

（6）显示各产品子类别的利润额总和，显示位置为"居外"，数值的数量单位为"千"，单位后缀为"元"。

（7）组件中数据按利润额降序排列。

 操作步骤

01 在"销售额与利润额"仪表板工作界面中，单击界面左侧"⊕"添加组件按钮，为组件选择"2009 年至 2012 年全国订单明细"数据集，单击"确定"按钮。在组件编辑界面中，选中

"产品子类别"和"利润额"两个字段,拖至组件预览区域。此时软件会自动生成组件,组件类型为"分组表",并且对指标"利润额"字段进行求和计算。

02 在组件预览区域上方,单击标题编辑栏,弹出"编辑标题"对话框,修改标题名称为"各产品子类别的利润额",如图 3-35 所示,选择文本,设置字体样式为"自定义",加粗,左对齐。

图 3-35 "编辑标题"对话框

03 单击组件类型中"⬛"分区柱形图图标即可完成组件类型更改,此时横轴上是"产品子类别",纵轴上是"利润额"(汇总方式为求和)。当产品子类别名称较长时,将维度字段放置纵轴展示数据更合适,如图 3-36 所示,单击横轴纵轴行之间的⇅按钮进行互换,此时组件可以完整的展示每个类别的名称,还可通过鼠标拖拽的方式进行类别名称显示的宽度范围(纵轴标签宽度)的调整。

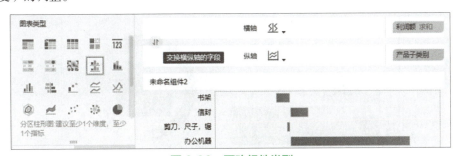

图 3-36 更改组件类型

在组件工作界面中,单击中间设置窗格中"组件样式"选项卡显示组件样式面板。如图 3-37 所示,在组件样式面板中设置图例位置"下"。

04 在组件工作界面中,将"利润额"字段拖到图形属性面板中的"颜色"框内。单击颜色"设置"按钮⚙,在弹出设置面板中选择渐变类型为"区域渐变",渐变区间为"自定义",区间个数为"2",如图 3-38 所示,设置利润额的区间值。

图 3-37　组件样式面板

图 3-38　颜色设置 - 区间设置

单击第一个区间值前方的颜色块，在弹出的颜色面板中选择"红色"；单击第二个区间值前方的颜色块，单击颜色面板下方的"更多"，在展开的"自定义颜色"面板中选择绿色（#42e936），如图 3-39 所示，单击"保存"按钮后运用。

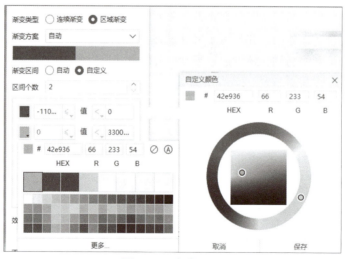

图 3-39　颜色设置

05 向图形属性面板中的"大小"编辑框中拖入"运输成本"字段。此时，水平条的宽度表示各产品子类别的运输成本总和。如图 3-40 所示，单击大小"设置"按钮，可以进一步设置柱宽和圆角效果。

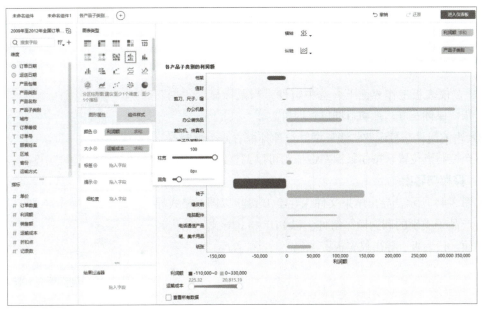

图 3-40 大小设置

06 向图形属性面板中的"标签"编辑框中拖入"利润额"字段。单击标签"设置"按钮 ⚙，可设置内容格式、标签位置以及显示方式，默认标签位置"居外"，标签显示"全部"，单击标签"利润额求和"下拉按钮，如图 3-41 所示，在展开的选项中单击"数值格式"，弹出"数值格式 - 利润额（求和）"对话框，如图 3-42 所示，设置数量单位"千"，单位后缀"元"，单击"确定"按钮完成设置。

图 3-41 标签数值格式设置

图 3-42 "数值格式 - 利润额（求和）"对话框

07 在组件工作界面下，单击纵轴上"产品子类别"下拉按钮，在展开的菜单中选择"降序"，在菜单中选择"利润额（求和）"即可进行降序排序，如图 3-43 所示。

5. 仪表板布局

参考图 3-22，设置仪表板中的组件位置。

操作步骤

01 在仪表板工作界面下，选中组件，当鼠标显示"🖐"符号，按住鼠标左键，拖动组件位置即可。

02 当前组件会显示蓝实线外框，组件外框有八个控制点，鼠标移至控制点位置，按住鼠标左键拖动可以调整组件大小。

6. 保存与导出

如图 3-44 所示，导出结果文件保存至 D 盘。以图片格式导出"各产品子类别的利润额"组件。以 PDF 格式导出"销售额与利润额"仪表板。导出仪表板资源包。

图 3-43 利润额总和降序排序

名称	修改日期	类型	大小
resource.zip	2021/10/5 15:16	WinRAR ZIP 压缩...	1,248 KB
各产品子类别的利润额.png	2021/10/5 14:21	PNG 文件	81 KB
销售额与利润额 .pdf	2021/10/5 14:32	Adobe Acrobat ...	92 KB

图 3-44 保存导出可视化

操作步骤

01 在仪表板工作界面下，如图 3-45 所示，选中"各产品子类别的利润额"组件，单击组件左侧"截图导出"按钮。将导出的图片重命名为"各产品子类别的利润额 .png"保存至 D 盘。

02 在仪表板工作界面下，如图 3-46 所示，单击界面上方"导出"按钮，在展开的菜单中选择"导出 Pdf"，将导出文件"销售额与利润额 .pdf"文件保存至 D 盘。

图 3-45 可视化组件截图导出

图 3-46 导出 Pdf

03 导出仪表板资源包。

（1）添加目录和 BI 模板。单击 Fine BI 主界面左侧"管理系统"按钮，在目录区域单击"目录管理",界面右侧会出现如图 3-47 所示的目录管理设置界面。

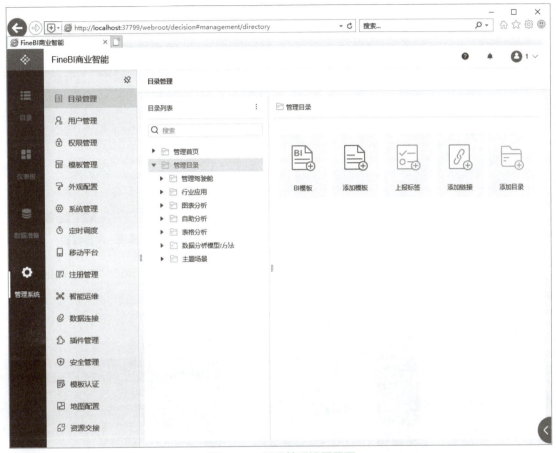

图 3-47　目录管理设置界面

单击图 3-47 中的"添加目录"按钮,弹出"添加目录"对话框,如图 3-48 所示,编辑目录名称与描述,单击"确定"按钮完成。

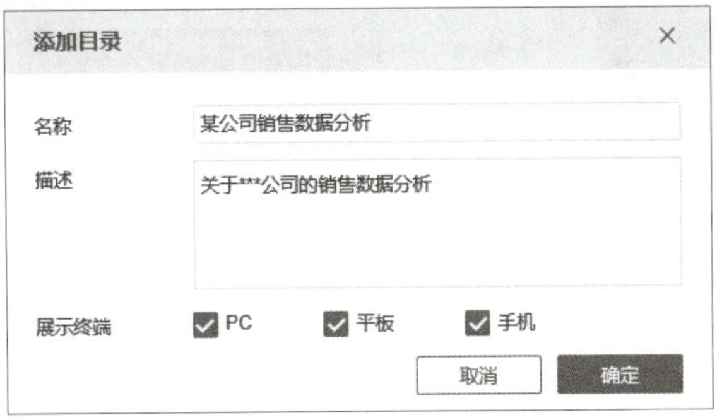

图 3-48　"添加目录"对话框

单击图 3-47 中的"BI 模板"按钮,弹出"添加模板"对话框,设置如图 3-49 所示选择路径,路径选择完成后单击"下一步"按钮,按图 3-50 所示设置模板,单击"确定"按钮完成。

图 3-49　添加模板 - 选择路径

图 3-50　添加模板 - 设置模板

返回 Fine BI 目录界面，如图 3-51 所示，"目录"菜单中添加了已创建的"某公司销售数据分析"目录。

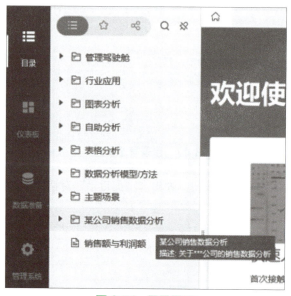
图 3-51　目录界面

（2）资源导出。单击 Fine BI 主界面左侧"管理系统"按钮，在目录区域单击"智能运维"，在下方展开的菜单中单击"资源迁移"选项，右侧会出现资源导入导出设置界面，如图 3-52 所示，单击选择资源类型"目录"，在目录中勾选需要导出的目录、仪表板以及同时导出原始 Excel 附件。

单击图 3-52 右下方的"选择依赖资源"按钮，弹出图 3-53 所示的界面，显示选择"2009 年至 2012 年全国订单明细"数据集。

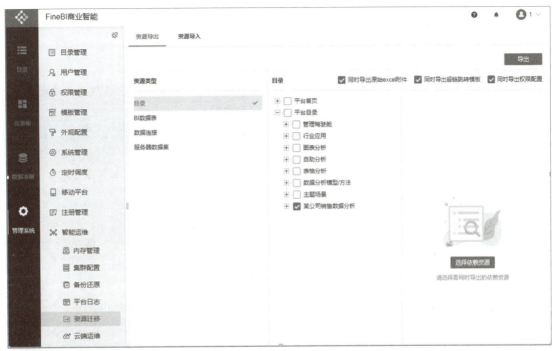

图 3-52　目录导出

图 3-53　资源导出 - 选择依赖资源

单击图 3-53 界面右上方的"导出"按钮，此时软件会生成 resource.zip 资源包，选择题目要求的保存目录地址进行保存即可。

🔊 注意：

因种种原因需删除相关数据和仪表板，可按照删除目录，删除仪表板，删除数据的顺序进行一一删除。

（1）删除目录。在管理系统界面中，在目录区域单击"目录管理"，随后在目录列表中选择需要删除的资源文件夹，单击"删除"按钮即可删除目录。

（2）删除仪表板及文件夹。在仪表板界面下选择需要删除的资源，单击"删除"按钮即可删除仪表板及文件夹。

（3）删除数据。在数据准备界面下选择需要删除的数据资源文件夹，单击文件名后方的"更多"按钮，在展开的菜单中单击"删除"选项即可删除。

🔊 注意：

如需导入现有的资源包，可单击 Fine BI 主界面左侧"管理系统"按钮，在目录区域单击"智能运维"，在下方展开的菜单中单击"资源迁移"选项，选择界面右侧的"资源导入"选项卡进入资源导入设置界面。单击"上传文件"按钮，选择需要导入的资源包 resource.zip，单击"导入"按钮，弹出"确定导入所选资源"对话框，单击"确定"按钮完成导入。资源导入后，如果仪表板不能正常显示，可以通过在数据准备界面下打开仪表板所用的数据集单击"全局更新"按钮更新即可。

📊 知识链接

1. 数据可视化流程

数据可视化主要有以下四个步骤，数据可视化工作流程，如图 3-54 所示。

（1）数据导入：添加组和业务包，导入数据为业务包添加表或数据集；

（2）仪表板创建：新建仪表板，对仪表板进行编辑和美化设计；

（3）组件添加：绘制可视化组件，对图形属性、组件样式进行编辑和设计；

（4）保存导出：将可视化分析结果进行保存或导出。

图 3-54 数据可视化工作流程

2. 仪表板的概念

通常，单张的可视化组件不能满足分析所需，可能需要多张组件进行综合分析，并且这些组件之间也是相关联的，可以交互的。这时需要用到仪表板。

如图 3-55 所示，从本质上看，仪表板更像一个"容器"，可以通过合理布局与美化设计，用于摆放一个或以上相关联的可视化组件。

一个项目的数据可视化分析往往会包含很多仪表板，这些仪表板可以按照主题、业务或层次等关系进行划分，Fine BI 通过创建文件夹来管理仪表板。

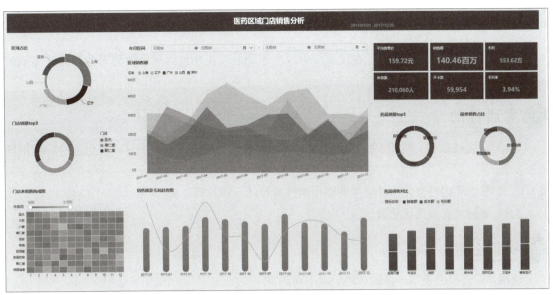

图 3-55 "医药区域门店销售分析"仪表板

3. 维度与指标

在组件工作界面，Fine BI 会将表或数据集中的每个字段处理为"维度"或"指标"。如果字段类型为文本类型或日期类型等，则处理为"维度"。如果字段类型为数值类型，则处理为"指标"。

Fine BI 为指标字段提供很多预设的汇总方式与快速计算，但不会对维度字段进行汇总计算与快速计算。如果需要对维度字段进行去重计数与快速计算，需要将该字段转化为指标。

汇总方式指集合运算，指多个值聚集为一个数值，如求和、平均、中位数、最大值、最小值、标准差、方差等。一旦将指标数据添加至组件区域，默认对该字段进行求和计算，也可在展开的菜单中选择其他汇总方式。

快速计算有同比/环比、占比、组内占比、排名、累计值等。

实训四　图表制作基础 1

根据某公司订单数据,通过在仪表板中绘制不同的可视化组件展示该公司各产品子类别的销售、盈利和亏损概况。

实训目的

(1) 掌握柱形图、饼图、矩形树状图、词云、聚合气泡图、散点图等可视化组件的应用场景及功能。
(2) 掌握不同可视化组件类型的图形属性与组件样式设置。
(3) 掌握仪表板的优化设计。

实训分析

绘制并设计仪表板用于描述和展示以下问题:
(1) 共有多少产品子类别?各产品子类别大致的销售和利润情况如何?
(2) 是否存在亏损情况?
(3) 哪几种产品子类别销售额最高?哪几种产品子类别盈利最高?

实训内容

制作如图 3-56 所示的仪表板。

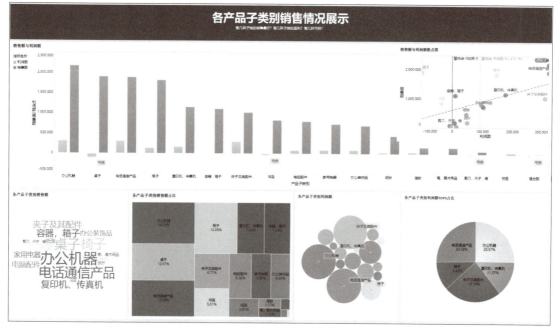

图 3-56　各产品子类别的销售情况展示

1. 新建仪表板,添加文本组件

在"某公司销售数据分析"文件夹下再新建一个名为"各产品子类别销售情况展示"的仪表板。

为仪表板添加文本组件。如图 3-57 所示，编辑文本，主标题文本格式：字号为 40，黑体，居中，加粗，白色；副标题文本格式：字号为 20，黑体，居中，白色，文本组件蓝色（#19448e）填充。

图 3-57　文本组件

操作步骤

01 资源导入。打开 Fine BI，导入实训素材资源包"实训素材 .zip"。

02 新建仪表板。参考实训三步骤，在"某公司销售数据分析"文件夹下再新建一个名为"各产品子类别销售情况展示"的仪表板。

03 文本组件编辑。

（1）单击"各产品子类别销售情况展示"仪表板，软件转至仪表板工作界面。

（2）单击仪表板工作界面左侧"其他"按钮，在展开的菜单选项中单击"文本组件"图标，会在仪表板上方添加一个文本组件。

（3）单击仪表板中的文本组件，如图 3-58 所示，单击编辑栏上方的填充按钮，设置文本组件蓝色（#19448e）背景填充。

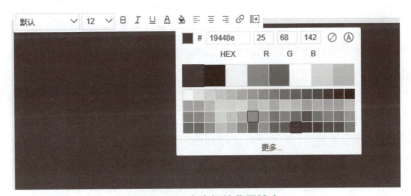

图 3-58　文本组件背景填充

（4）输入文本，利用鼠标拖拽方式分别选中主、副标题文本，设置主标题字号为 40、居中、加粗、白色；副标题字号为 12、居中、白色。根据样张如图 3-56 所示，调整文本组件高度和宽度。

2. 多系列柱形图组件的创建

按照以下要求在"各产品子类别销售情况展示"仪表板中添加组件用于展示各产品子类别的销售情况。所有组件标题字号为 14、加粗、黑色；可视化组件如需添加"产品子类别"颜色，配色方案统一设置为"彩虹"。

显示各产品销售额与利润额数量对比。如图 3-59 所示，设置组件标题为"销售额与利润额"，组件类型为"多系列柱形图"，各产品子类别按照销售额总额降序排序，将利润额小于 0 的子类别添加红色注释文字"亏损"，组件整体适应显示，图例左侧显示。

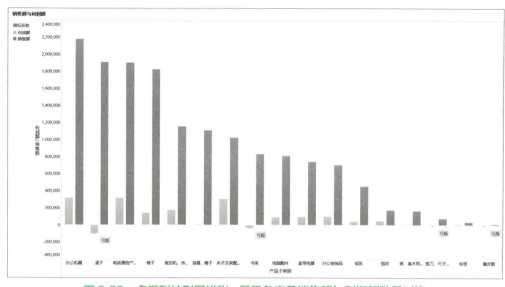

图 3-59　多系列柱形图样张 - 显示各产品销售额与利润额数量对比

操作步骤

01 添加组件，选择数据集。添加组件，为组件选择"2009 年至 2012 年全国订单明细"Excel 数据集，单击"确定"按钮完成数据集添加，软件转至组件工作界面。

02 将多个字段拖入组件区域。分析题意，可视化所需数据字段为三个字段：一个维度"产品子类别"字段，两个指标"销售额"和"利润额"字段。按住【Ctrl】键在左侧窗格字段区域中单击选中"产品子类别""销售额""利润额"三个字段，拖至组件预览区域。此时软件会自动生成组件，组件类型为"分组表"，并且对指标"销售额""利润额"字段进行求和计算。

03 编辑标题。编辑标题名称"销售额与利润额"，设置标题自定义字体样式：字号为 14、黑色、加粗。

04 更改组件类型为"多系列柱形图"。单击组件类型中多系列柱形图图标 即可完成组件类型更改。

05 排序。根据题意，要求各产品子类别按照销售额总额降序排序。如图 3-60 所示，单击横轴上"产品子类别"下拉按钮，在展开的菜单中单击"降序"选项，在级联菜单中选择"销售额（总和）"即可进行降序排序。

06 添加注释。根据题意，将利润额小于 0 的子类别添加红色注释文字"亏损"。

（1）单击纵轴上"利润额 求和"下拉按钮，在展开的菜单中单击"特殊显示"选项，在级联菜单中选择"注释…"，弹出"注释 - 利润额（求和）"对话框。

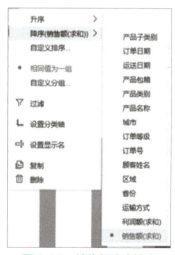

图 3-60　销售额降序排序

（2）单击"添加条件（且）"按钮，如图 3-61 所示，设置利润额小于固定值 0，添加红色注释文字"亏损"。设置完成，单击"确定"按钮即可。

图 3-61　注释文字设置

07 组件样式。

（1）在组件样式面板中，如图 3-62 所示，设置图例左侧显示。

（2）如图 3-63 所示，设置自动适应显示为"整体适应"，可视化组件会自动调整宽度和高度在组件预览区域完全显示。

图 3-62　组件样式 - 图例左侧

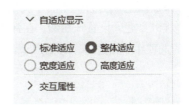

图 3-63　组件样式 - 整体适应显示

（3）单击组件工作界面右上角"进入仪表板"按钮，转至仪表板工作界面。

3. 散点图组件的创建

显示各产品子类别销售额与利润额关系。如图 3-64 所示，设置组件标题为"销售额与利润额散点图"，组件类型为"散点图"。添加"产品子类别"颜色和标签设置，设置数据点大小 5。设置横轴（利润额）轴刻度取值范围：利润额最小值～最大值，纵轴（销售额）轴刻度取值范围：0～2 500 000。在横轴分别添加利润额总和 0 刻度和平均值的警戒线，并添加线性拟合趋势线，不显示图例。

操作步骤

01 添加组件，选择"2009 年至 2012 年全国订单明细"数据集。

02 将多个字段拖入组件区域。按住【Ctrl】键在左侧窗格字段区域中单击选中"销售额"和"利润额"两个字段，拖至组件预览区域。

03 编辑标题，名称为"销售额与利润额散点图"，设置标题自定义字体样式：字号为 14、黑色、加粗。

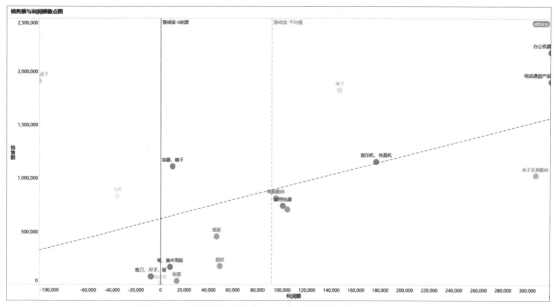

图 3-64　散点图 - 各产品子类别销售额与利润额关系

04 单击组件类型中散点图图标，即可完成组件类型更改。

05 设置横轴为"利润额",纵轴为"销售额"。

06 添加颜色依据为"产品子类别",向图形属性面板中的"颜色"框拖入"产品子类别"字段。单击"颜色"设置按钮，在弹出设置面板中单击"配色方案"下拉按钮,如图 3-65 所示,在展开的选项中单击选择"彩虹"。

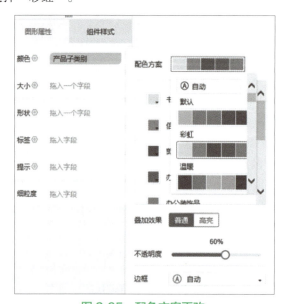

图 3-65　配色方案更改

07 向图形属性面板中的"标签"框拖入"产品子类别"字段用以显示各产品子类别名称。

08 单击图形属性面板中"大小"设置按钮修改数据点半径大小,输入半径 5。

📢 **注意**：

散点图主要用于描述两个变量之间的相关性。散点图中数据点越多，组件描述效果越好。Fine BI 可通过向图形属性面板中"颜色""标签""提示"等增加维度字段来定义数据点多少。

⑨ 自定义横轴（利润额）轴刻度。如图 3-66 所示，单击横轴上"利润额 求和"字段下拉按钮，在展开的菜单中单击"设置值轴"选项，随即弹出"设置值轴"对话框。如图 3-67 所示，勾选"轴刻度自定义"复选框，单击"最小值"设置框，利用单击选中"利润额（求和）- 最小 .min"，右侧会出现相应公式，单击"确定"按钮即可。按照上述步骤设置最大值为"利润额（求和）- 最大 .max"。

图 3-66　设置值轴

图 3-67　横轴刻度自定义

自定义纵轴（销售额）轴刻度。参考横轴刻度设置，如图 3-68 所示，设置纵轴刻度最小值 0，最大值 2 500 000。

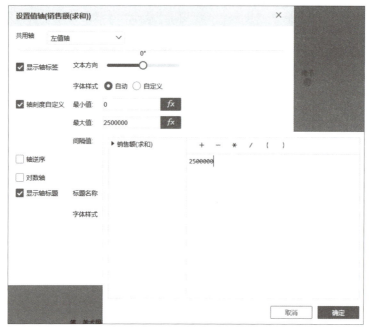

图 3-68　纵轴刻度自定义

10 添加警戒线。

（1）横轴添加 0 刻度警戒线。如图 3-69 所示，单击横轴上"利润额 求和"字段下拉按钮，在展开的菜单中单击"设置分析线"选项，在级联菜单中选择"警戒线（纵向）"随即弹出"警戒线 - 利润额（求和）"对话框。单击"添加警戒线"按钮，修改警戒线名为"警戒线 -0 刻度"，值为 0，实线，红色。

图 3-69　设置警戒线

（2）横轴添加平均值警戒线。如图 3-70 所示，再次单击"添加警戒线"按钮，修改警戒线名为"警戒线 - 平均值",值为 AVERGE(利润额(求和)),虚线,绿色。完成设置后,单击"确定"按钮。

⑪ 添加趋势线。单击纵轴上"销售额 求和"字段下拉按钮,在展开的菜单中单击"设置分析线"选项,在级联菜单中选择"趋势线(横向)"随即弹出"趋势线 - 销售额(求和)"对话框,如图 3-71 所示,单击"添加趋势线"按钮,修改趋势线名为"线性拟合",虚线,蓝色,拟合方式为线性拟合。设置完成后,单击"确定"按钮完成。

图 3-70　添加警戒线 - 平均值

图 3-71　趋势线 - 线性拟合

⑫ 图例不显示。在组件样式面板中,通过单击图例"显示"复选框中的"√"取消显示。

⑬ 单击组件工作界面右上角"进入仪表板"按钮,转至仪表板工作界面。

4. 词云组件的创建

显示各产品子类别销售额。如图 3-72 所示,设置组件标题为"各产品子类别销售额",组件类型为"词云",添加颜色依据"产品子类别",不显示图例。

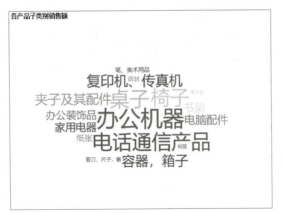

图 3-72　词云 - 各产品子类别销售额

操作步骤

① 添加组件,选择"2009 年至 2012 年全国订单明细"数据集。

02 将多个字段拖入组件区域。按住【Ctrl】键在左侧窗格字段区域中单击选中"产品子类别"和"销售额"两个字段,拖至组件预览区域。

03 编辑标题。编辑标题名称"各产品子类别销售额",设置标题自定义字体样式:字号为14、黑色、加粗。

04 更改组件类型为"词云"。单击组件类型中词云图标 即可完成组件类型更改。

05 颜色设置。向图形属性面板中的"颜色"框拖入"产品子类别"字段。单击"颜色"设置按钮 ,在弹出设置面板中单击"配色方案"下拉按钮,在展开的选项中单击"彩虹"选项。

06 图例不显示。在组件样式面板中,通过单击图例"显示"复选框中的"√"取消显示。

07 单击组件工作界面右上角"进入仪表板"按钮,转至仪表板工作界面。

5. 矩形树图组件的创建

显示各产品子类别销售额占比。如图3-73所示,设置组件标题为"各产品子类别销售额占比",组件类型为"矩形树图",添加颜色依据"产品子类别",并显示标签产品子类别和销售额占比,不显示图例。

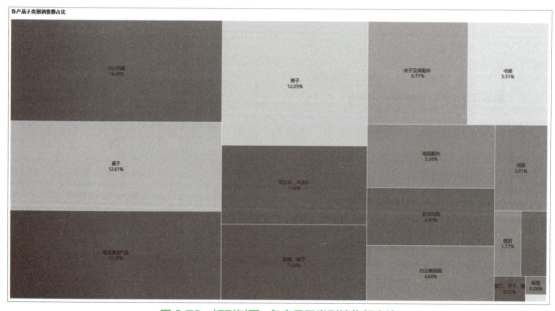

图3-73 矩形树图-各产品子类别销售额占比

操作步骤

01 在仪表板工作界面下,单击词云"各产品子类别销售额"组件菜单的下拉"▽"按钮,在展开的下拉菜单中单击"复制"选项,即可在该组件的右侧复制得到一个名为"各产品子类别销售额1"相同的组件。单击该组件右侧的"编辑"按钮 ,转至"各产品子类别销售额1"组件工作界面。

02 编辑标题。编辑标题名称"各产品子类别销售额占比",设置标题自定义字体样式:字号为14、黑色、加粗。

03 更改组件类型为"矩形树图"。单击组件类型中矩形树图图标 即可完成组件类型更改。

04 图形属性。

（1）颜色设置。向图形属性面板中的"颜色"框拖入"产品子类别"字段，设置"配色方案"为"彩虹"。

（2）标签设置。按住【Ctrl】键在左侧窗格字段区域中单击选中"产品子类别"和"销售额"两个字段，拖至图形属性面板中的"标签"框。如图 3-74 所示，单击"标签"栏中"销售额 求和"字段下拉按钮，在展开的菜单中单击"快速计算"选项，在级联菜单中选择"占比"即可完成销售额占比显示。

05 单击组件工作界面右上角"进入仪表板"按钮，转至仪表板工作界面。

6. 聚合气泡图组件的创建

显示各产品子类别利润额。如图 3-75 所示，设置组件标题为"产品子类别利润额"，组件类型为聚合气泡图，添加颜色设置"产品子类别"，为利润额最大的五个子类别添加注释，注释文字为蓝色的类别名称，不显示图例。

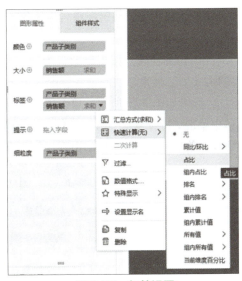

图 3-74　标签设置

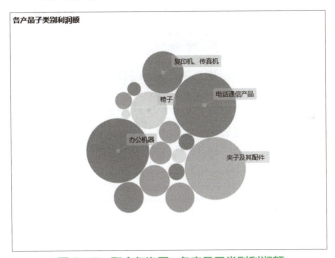

图 3-75　聚合气泡图 - 各产品子类别利润额

操作步骤

01 添加组件，选择"2009 年至 2012 年全国订单明细"数据集。

02 将多个字段拖入组件区域。按住【Ctrl】键在左侧窗格字段区域中单击选中"产品子类别"和"利润额"两个字段，拖至组件预览区域。

03 更改组件类型为"聚合气泡图"。单击组件类型中聚合气泡图图标 即可完成组件类型更改。

04 颜色设置。向图形属性面板中的"颜色"框拖入"产品子类别"字段，设置"配色方案"为"彩虹"。

05 编辑标题。编辑标题名称"各产品子类别利润额",设置标题自定义字体样式:字号为14、黑色、加粗。

06 添加注释。根据题意,为利润额最大的五个子类别添加注释,注释文字为蓝色的类别名称。

(1)如图 3-76 所示,单击图形属性"大小"栏中"利润额 求和"下拉按钮,在展开的菜单中单击"特殊显示"选项,在级联菜单中选择"注释…",弹出"注释 - 利润额(求和)"对话框。单击"添加"按钮,出现添加条件编辑栏。

图 3-76　添加注释

(2)单击"添加条件(且)"按钮,如图 3-77 所示,设置条件为利润额(求和)最大的五个。单击按钮,在展开的字段名列表中单击选择"产品子类别",选中对话框中的"产品子类别"字段,设置颜色蓝色。设置完成,单击"确定"按钮即可。

图 3-77　添加注释条件

07 图例不显示。在组件样式面板中，通过单击图例"显示"复选框中的"√"取消显示。

08 单击组件工作界面右上角"进入仪表板"按钮，转至仪表板工作界面。

7. 饼图组件的创建

显示产品子类别利润额前5名占比。如图3-78所示，设置组件标题为"产品子类别利润额TOP5占比"，组件类型为"饼图"，添加颜色设置"产品子类别"，饼图半径大小60，内径占比0%，并以产品子类别和利润额占比显示标签，不显示图例。

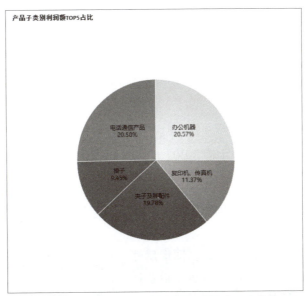

图 3-78　饼图 - 产品子类别利润额 TOP5 占比

操作步骤

01 添加组件，选择 "2009年至2012年全国订单明细"数据集。

02 将多个字段拖入组件区域。按住【Ctrl】键在左侧窗格字段区域中单击选中"产品子类别"和"利润额"两个字段，拖至组件预览区域。

03 结果过滤器设置。分析题意，本题数据筛选条件作用范围为当前可视化组件。

（1）如图3-79所示，向"结果过滤器"设置框中拖入"利润额"字段。

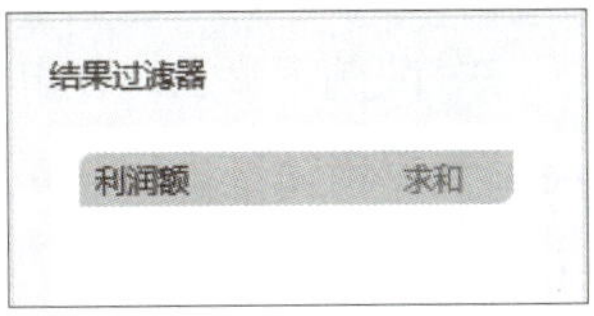

图 3-79　结果过滤器

（2）单击"结果过滤器"设置框中的"利润额 求和"字段下拉菜单，在展开的菜单中单击"过滤…"选项，随即弹出"为利润额（求和）添加过滤条件"对话框。单击"添加条件（且）"按钮，如图3-80所示，设置条件为利润额（求和）最大的五个，单击"确定"按钮。此时，组件数据仅保留利润额最高前五个类别。

04 编辑标题。编辑标题名称"产品子类别利润额TOP5占比"，设置标题自定义字体样式：字号为14、黑色、加粗。

05 更改组件类型为"饼图"。单击组件类型中饼图图标 即可完成组件类型更改。

图 3-80　过滤条件设置

06 图形属性。

（1）颜色设置。设置产品子类别的"配色方案"为"彩虹"。

（2）半径设置。如图 3-81 所示，在图形属性面板中，单击"半径"设置按钮，在弹出设置栏中设置半径大小 60，内径占比 0%。

（3）标签设置。按住【Ctrl】键在左侧窗格字段区域中单击选中"产品子类别"和"利润额"两个字段，拖至图形属性面板中的"标签"框。单击"标签"栏中"利润额 求和"字段下拉按钮，在展开的菜单中单击"快速计算"选项，在级联菜单中选择"占比"即可完成利润额占比显示。

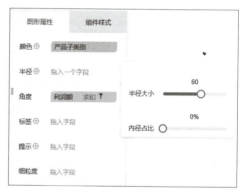

图 3-81　半径设置

07 图例不显示。在组件样式面板中，通过单击图例"显示"复选框中的"√"取消显示。

08 单击组件工作界面右上角"进入仪表板"按钮，转至仪表板工作界面。

8. 仪表板布局

如图 3-56 所示，进行仪表板布局调整。

操作步骤

仪表板布局需在仪表板工作界面中完成。

01 调整组件大小。选中组件，当前组件外框蓝实线显示，组件外框有八个控制点，鼠标移至控制点位置，按照鼠标左键拖动可以调整组件大小，参考图 3-56 调整各组件大小。

02 移动组件位置。选中相应组件，当鼠标显示符号，按住鼠标左键，拖动组件位置即可移动组件位置。参考图 3-56 调整各组件位置。

03 组件悬浮设置。Fine BI 通过设置组件的悬浮属性实现组件的层叠布局。如图 3-82 所示，选中"销售额与利润额散点图"组件，单击组件菜单中的下拉按钮，在展开的下拉菜单中单击"悬浮"选项即可。先设置组件悬浮后再移动位置。

9. 保存与导出

以 PNG 格式导出"各产品子类别的销售情况"仪表板。运用数据迁移功能导出仪表板资源包。

操作步骤

参考实训三保存导出资源包 resource.zip。

图 3-82 组件悬浮设置

拓展训练

订单数据展示

根据该公司订单数据，通过在仪表板中绘制折线雷达图、玫瑰图、漏斗图、面积图、点地图等不同的可视化组件展示订单数据，用于描述和展示以下问题：

（1）不同订单等级的订单数量是多少，占比是怎样的？

（2）不同子类别的订单数量如何？各省份订单数量分布情况如何？

（3）每季度销售额与订单数量的变化趋势如何？

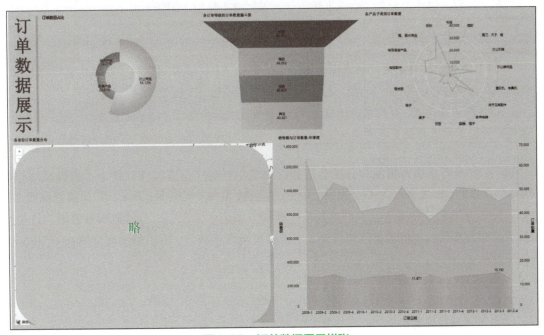

图 3-83 订单数据展示样张

操作步骤

01 资源导入。打开 Fine BI，导入实训素材资源包"拓展素材 .zip"。

02 新建仪表板，添加文本组件。 在"仪表板"功能菜单下"某公司销售数据分析"文件夹中再新建一个名为"订单数据展示"的仪表板。为仪表板添加文本组件，如图 3-83 所示，编辑文本"订单数据展示"，设置字号为 64、加粗、居中，并按照样张效果调整文本组件大小和位置。

03 显示各产品类别订单数量占比。 设置组件标题为"订单数量占比"，标题字号为 14、加粗、黑色。组件类型为"玫瑰图"，添加颜色设置"产品类别"，并以产品类别和订单数量占比显示标签，内径占比 40%，图例不显示。

> **提示：**
> （1）更改组件类型为"玫瑰图"。将字段"产品类别"和"订单数量"拖入组件区域后，单击组件类型中玫瑰图图标 即可完成组件类型更改。
> （2）组件属性设置。
> ① 订单数量占比显示。将字段"产品类别"和"订单数量"拖至"标签"栏，单击"标签"栏中"订单数量 求和"字段下拉按钮，在展开的菜单中单击"快速计算"选项，在级联菜单中选择"占比"即可完成订单数量占比显示。
> ② 半径设置。添加半径依据订单数量，单击"半径"设置按钮 ，设置半径大小为 70，内径占比 40%。

04 显示各产品子类别订单数量。 设置组件标题为"各产品子类别订单数量"，标题字号为 14、加粗、黑色。组件类型为"折线雷达图"，轴标题不显示，图例不显示。

> **提示：**
> （1）更改组件类型为"折线雷达图"。将字段"产品子类别"和"订单数量"拖入组件区域后，单击组件类型中折线雷达图图标 即可完成组件类型更改。
> （2）轴标题设置。分别单击横轴上"产品子类别"和纵轴上"订单数量 求和"下拉按钮，在展开的菜单中选择设置分类轴和值轴。在弹出设置对话框中，不勾选"显示轴标题"复选框。

05 按年季度显示销售额与订单数量的时间变化趋势。 设置组件标题为"销售额与订单数量 - 年季度"，标题字号为 14、加粗、黑色。组件类型为"范围面积图"，添加颜色设置"销售额"渐变方案为"秋落"，"订单数量"渐变方案为"未来"，标签显示销售额和订单数量最大值和最小值，左值轴呈现销售额，右值轴呈现订单数量，右值轴刻度范围 0 ~ 70 000，图例不显示。

> **提示：**
> （1）更改组件类型为"范围面积图"。
> ① 按"订单日期"年季度展示。将字段"订单日期""销售额""订单数量"拖入组件区域后，在横纵轴区域，单击维度上"订单日期"下拉按钮，在展开的菜单中选择"年季度"即可。

② 单击组件类型中范围面积图图标 即可完成组件类型更改。

（2）图形属性设置。

① 颜色设置。在图形属性设置面板中，单击"订单数量（求和）"栏展开设置窗格，向"颜色"框拖入"订单数量"字段，单击"颜色"设置按钮，设置渐变方案为"未来"，不透明度40%。

② 标签设置。向"标签"框拖入"订单数量"字段，单击"标签"设置按钮，在展开的设置面板中，设置标签显示为"最大/最小"。

（3）左右值轴设置。

① 单击纵轴上"订单数量求和"下拉按钮，在展开的菜单中选择"设置值轴（左值轴）"选项，弹出"设置值轴（订单数量（求和））"对话框。当前，销售额与订单数量"共用轴"为"左值轴"，单击"共用轴"下拉编辑按钮，在展开的列表中选择"右值轴"。

② 右值轴刻度自定义。在"设置值轴（订单数量（求和））"对话框中勾选"轴刻度自定义"选项，设置右值轴刻度范围 0 ~ 70 000。

06 显示各订单等级的订单数量。设置组件标题为"各订单等级的订单数量漏斗图"，标题字号为14、加粗、黑色。组件类型为"漏斗图"，添加颜色设置"订单等级"配色方案为"温暖"，按订单数量降序排序，标签显示订单等级和订单数量，图例不显示。

提示：

（1）更改组件类型为"漏斗图"。将字段"订单等级"和"订单数量"拖入组件区域后，单击组件类型中漏斗图图标 即可完成组件类型更改。

（2）排序。单击"细粒度"栏中"订单等级"下拉按钮，在展开的菜单中选择"排序"，在级联菜单中选择"订单数量（总和）"即可进行降序排序。

07 显示各省份订单数量分布。设置组件标题为"各省份订单数量分布"，标题字号为14、加粗、黑色。组件类型为"点地图"，添加大小和标签设置为"订单数量"，居内显示订单数据，标签文字字号为14、加粗、蓝色，图例不显示。

提示：

（1）维度转换为地理位置。单击维度区域的"省份"字段后下拉按钮▼，在展开的菜单中选择"地理角色"选项，在级联菜单中单击选择"省/市/自治区"选项，软件会进行地区匹配，单击"确定"按钮完成匹配，此时，在维度区域生成"省份（经度）"和"省份（纬度）"字段。

（2）更改组件类型为"点地图"。单击组件类型中点地图图标 ，将"省份（经度）"和"省份（纬度）"字段分别拖入横轴纵轴栏。

08 仪表板布局。如图 3-83 所示,进行仪表板布局调整。设置仪表板、标题和组件的背景颜色为淡蓝色(#a0d8ef)。

> **提示**:
> (1)仪表板布局。分别选中可视化组件,参考样张,调整各组件大小和组件位置。
> (2)仪表板样式设置。在仪表板工作界面中,单击界面上方的"仪表板样式"按钮,在展开的设置面板中分别设置仪表板、标题、组件的背景颜色为淡蓝色(#a0d8ef)。

09 保存和导出

> **提示**:
> (1)以 png 格式导出"每月销售数据展示"仪表板;
> (2)运用数据迁移功能导出仪表板资源包。

知识链接

可视化组件类型分类

不同的数据需要不同的可视化组件类型来展示,目前 Fine BI 支持 30 余种数据组件。组件分类见表 3-4。

表 3-4 组件分类表

组件分类	类型分类	可视化类型
组件	表格	分组表、交叉表、明细表、颜色表格
	数据显示	KPI 指标卡
	比较	柱形图、对比柱形图、分组柱形图、堆积柱形图、分区折线图、雷达图、词云、聚合气泡图、玫瑰图
	占比	饼图、矩形块图、百分比堆积柱形图、多层饼图、仪表盘
	趋势	折线图、范围面积图、面积图、散点图、瀑布图
	分布	散点图、地图、热力区域图、漏斗图
过滤组件	时间过滤	年份、年月、年季度、日期、日期面板、日期区间、年月区间
	文本过滤	文本下拉、文本列表
	树过滤	下拉树、树标签、列表树
	数值过滤	数值下拉、数值区间、区间滑块
	按钮	查询按钮、重置按钮
	其他过滤	复合过滤
其他		文本组件、图片组件、Web 组件、Tab 组件

实训五 图表制作基础 2

Fine BI 通过制作钻取目录、过滤组件以及组件联动等功能为仪表板添加交互效果，方便用户更加便捷有效地展示数据。

实训目的

（1）掌握添加过滤组件，并使用过滤组件动态展示数据。
（2）掌握制作钻取目录，并通过钻取切换维度展示数据。
（3）掌握组件联动。

实训分析

为"销售额与利润额"仪表板添加交互效果，实现切换不同维度、使用过滤组件以及组件间的联动功能展示数据。

实训内容

1. 使用过滤组件动态展示数据

为"销售额与利润额"仪表板添加时间过滤组件，在仪表板中显示 2012 年度的销售及利润情况，如图 3-84 所示。

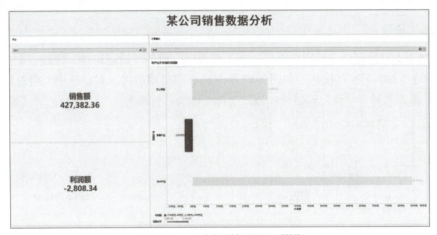

图 3-84　仪表板数据展示 - 样张

操作步骤

01 资源导入。打开 Fine BI，导入实训素材资源包"实训素材 .zip"。

02 添加时间过滤组件。打开"仪表板"功能菜单下"某公司销售数据分析"文件夹中"销售额与利润额"仪表板，单击仪表板工作界面左侧的"过滤组件"按钮，弹出图 3-85 所示的设置面板。单击"时间过滤组件"下的"年份"按钮，弹出"过滤组件"对话框。

03 过滤组件设置。如图 3-86 所示，在"过滤组件"对话框中，将对话框左侧的"订单日期"拖至右侧"字段"编辑栏，并在下方"年份"中仅选择 2012。时间过滤筛选设置结束后单击"确定"按钮。

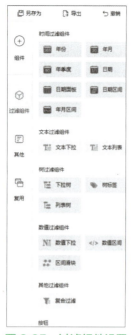

图 3-85　过滤组件设置

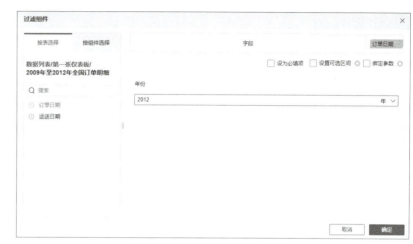

图 3-86　时间过滤组件 - 年份

为"销售额与利润额"仪表板添加文本过滤组件,在仪表板中显示 2012 年度订单等级为高级的销售及利润情况。

操作步骤

01 添加文本过滤组件。再次单击仪表板工作界面左侧的"过滤组件"按钮,单击"文本过滤组件"下的"文本下拉"按钮。如图 3-87 所示,在"过滤组件"对话框中,将对话框左侧的"订单等级"拖至右侧"字段"编辑栏,编辑组件标题为"订单等级",并勾选"高级"复选框。文本过滤筛选设置结束后单击"确定"按钮。

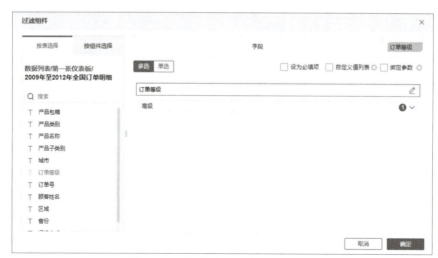

图 3-87　文本过滤组件 - 文本下拉

02 优化仪表板布局。参考样张位置将"年份""订单等级"过滤组件移至仪表板上方并调整组件大小。

03 过滤组件设置。如图3-88所示,当前仪表板显示的数据为2012年度订单等级为"高级"的销售情况。

图3-88 过滤组件-2012年度订单等级"高级"

在仪表板中查看如图3-89所示的2009年度订单等级为"中级"和"低级"的销售额与利润额。

2. 通过钻取展示数据

在"销售额与利润额"仪表板中实现"产品类别/产品子类别/产品名称"逐层钻取目录,切换不同层次维度展示数据。

操作步骤

01 创建钻取目录。选中"销售额与利润额"仪表板中的"各产品子类别的利润额"组件(组件),单击组件左侧的编辑按钮,转至"各产品子类别的利润额"组件工作界面。如图3-90所示,单击维度字段区域的"产品类别"字段后的下拉按钮▼,在展开的下拉菜单中单击选择"创建钻取目录"选项,随后弹出"创建钻取目录"对话框,将钻取目录命名为"产品类别-子类别-名称"。

图3-89 过滤组件2009年度订单等级"中级"和"低级"

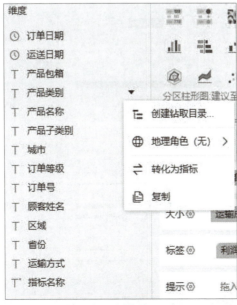

图3-90 创建钻取目录

02 加入钻取目录。如图 3-91 所示，分别选中"产品子类别""产品名称"加入钻取目录。

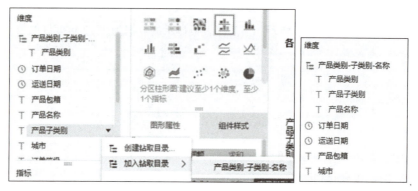

图 3-91　加入钻取目录

03 利用钻取目录切换维度展示数据。删除"各产品子类别的利润额"组件纵轴上的"产品子类别"字段，添加钻取目录"产品类别 - 子类别 - 名称"至纵轴。如图 3-92 所示，单击纵轴上字段前方的按钮，在展开的维度层次选项中单击不同维度展示数据。当前可视化组件展示数据为各产品类别的利润额。

图 3-92　利用钻探目录切换维度

04 逐层钻取展示数据。在可视化组件中，可以通过单击的方式进行逐层钻取展示数据。如图 3-93 所示，可以通过单击图 3-92 中的"家具产品"类别，再单击"书架"类别用于展示产品类别为家具产品，产品子类别为书架的所有产品的利润额。

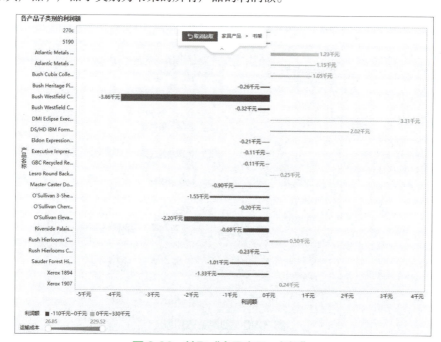

图 3-93　钻取"家具产品 - 书架"

05 取消钻取。如图 3-93 所示，单击组件上方按钮 ˇ，显示钻取层次目录，单击"取消钻取"按钮取消钻取。

3. 实现组件间的联动

在"销售额与利润额"仪表板中建立组件联动展示数据。

操作步骤

01 建立联动。仪表板中的多个可视化组件可以通过联动功能建立交互联系。如图 3-94 所示，单击仪表板右侧"各产品子类别的利润额"可视化组件中的"桌子"类别，在展开的选项中单击"联动"建立组件联动，如图 3-95 所示，此时左侧两张可视化组件会显示 2009 年度订单等级为中级和低级的桌子的总销售额与总利润额。

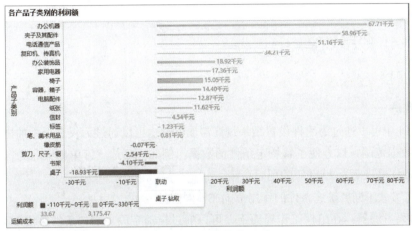

图 3-94　建立组件联动

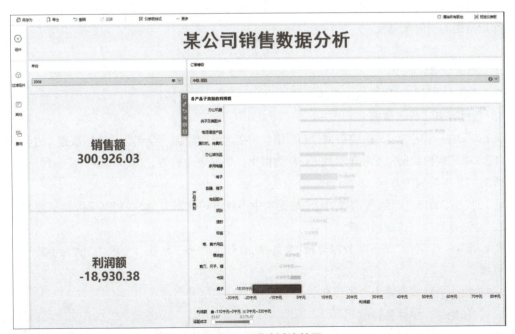

图 3-95　联动过滤效果

02 清除所有联动。如图 3-95 所示，单击界面右上方的"清除所有联动"按钮，可以取消当前联动。

4. 设置交互效果

在"销售额与利润额"仪表板中，展示 2011 年度订单等级为中级的家具产品的销售额与利润额总和。

> **操作步骤**

如图 3-84 所示，通过对过滤组件、钻取以及联动的设置展示数据。

5. 保存与导出

运用数据迁移功能导出仪表板资源包。

> **操作步骤**

参考实训三保存导出资源包 resource.zip。

知识链接

数据的筛选

在 Fine BI 中可以通过为组件设置结果过滤器属性，也可以通过为仪表板添加过滤组件的方式来自定义数据范围，以方便了解特定条件的数据。例如，筛选"订单等级"为"高级"的利润总额，或者订单日期为 2009 年的利润总额。

筛选设置方式不同，筛选条件的作用范围亦不同。

（1）结果过滤器：在组件工作界面下，可以通过拖动字段（筛选条件字段）至图形属性/组件样式面板下方的"结果过滤器"进行设置，此时筛选作用范围为该组件。

（2）过滤组件：在仪表板工作界面下，可以通过单击左侧的"过滤组件"进行设置，此时筛选作用范围为当前仪表板。

拓展训练

1. "病人年龄与病种"仪表板的创建

1）数据准备，导入数据

（1）添加一个名为"某医院数据分析"组，并在该组内添加一个名为"病种数据"的业务包。

（2）为"病种数据"业务包添加 Excel 数据集，数据集命名为"2018 年某医院病种明细"。数据源为"某医院病种数据.xlsx"。

（3）找出"2018 年某医院病种明细"数据集中不规范的数据类型，并将其字段类型修改正确。

2）新建仪表板，仪表板编辑

（1）新建一个名为"某医院数据分析"文件夹，在该文件夹下新建一个名为"病人年龄与病种"的仪表板。

（2）仪表板样式设置为"预设样式 4"。

3）添加组件，组件属性编辑

（1）为仪表板添加第一个组件，用于呈现病种人数年龄分布情况。

① 组件采用"饼图"展示，不显示图例。标题设置为"病种人数年龄分布"，标题文本设置为黑体、字号为 24、居中对齐。

② 颜色的依据为"年龄"，采用"雅致"配色方案、关闭效果；角度的依据为"记录数"，字段命名为"人数"；以百分比形式居外显示各年龄分布的占比情况，结果保留一位小数，标签文本设置为仿宋、字号为 14、黑色。

> 📢 **提示：**
> 在图形属性面板中，通过"半径"按钮将"内径占比"设置为 0% 形成饼图；通过"颜色"按钮设置"雅致"配色方案和关闭效果；通过"记录数"字段下拉按钮中的"设置显示名"将显示名设为"人数"；在"标签"框对"人数"字段执行"快速计算（无）"→"占比"，通过"数值格式"设置保留一位小数。

（2）为仪表板添加第二个组件，用于呈现病种数量排名情况。

① 组件采用"堆积柱形图"展示，上方显示图例。标题设置为"病人年龄与病种人数排名"，标题文本设置为黑体、字号为 24、居中对齐。

② 颜色的依据为"年龄"，采用"明亮"配色方案、黑色边框；居中显示各年龄分布的病种人数，字段命名为"人数"，添加单位后缀"人"，标签文本设置为黑体、字号为 12。

③ 设置柱形图的柱宽为 80。组件按病种人数升序排序。

> 📢 **提示：**
> 在图形属性面板中通过"大小"按钮设置柱宽。

（3）为仪表板添加过滤组件，在仪表板中显示 2018 年 1 月抢救病人的年龄分布和病种人数情况。

（4）为仪表板添加文本组件"某医院病种数据分析"，文本设置为黑体、字号为 40、居中。

（5）调整各组件的位置和大小，仪表板效果如图 3-96 所示。

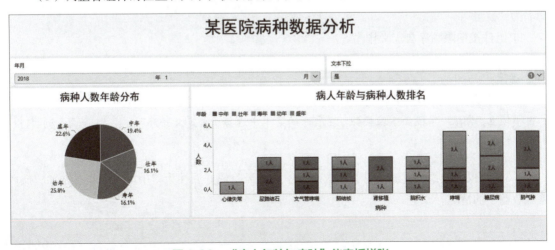

图 3-96 "病人年龄与病种"仪表板样张

4)保存和导出

(1)以 png 格式导出"病人年龄与病种"仪表板。

(2)运用数据迁移功能导出仪表板资源包。

2. "用户偏好分析"仪表板的创建

1)数据准备,导入数据

(1)添加一个名为"银行理财用户分析"组,并在该组内添加一个名为"用户数据"的业务包。

(2)为"用户数据"业务包添加 Excel 数据集,数据集命名为"银行理财用户数据明细"。数据源为"银行理财用户数据.xlsx"。

2)新建仪表板,仪表板编辑

(1)新建一个名为"银行理财用户分析"文件夹,在该文件夹下新建一个名为"用户偏好分析"的仪表板。

(2)仪表板样式设置为"预设样式1"。

3)添加组件,组件属性编辑

(1)为仪表板添加第一个组件,用于呈现各类理财产品的购买分布情况。

① 组件采用"分区柱形图"展示,不显示图例。标题设置为"理财产品购买分布",标题文本设置为楷体、字号为20、加粗、黑色、居中对齐。

② 颜色的依据为"记录数",字段命名为"数量",若"数量"小于50则蓝色(#007bbb)显示、"数量"大于等于50则绿色(#82ae46)显示;大小的依据为"购买金额";居外显示各类理财产品的购买数量,标签文本设置为黑色、字号为14。

③ 组件按购买数量降序排序。

(2)为仪表板添加第二个组件,用于呈现各个期限理财产品的购买分布情况。

① 组件采用"分区折线图"展示,下方显示图例。标题设置为"理财产品期限分布",标题文本设置为楷体、字号为20、加粗、黑色、居中对齐。

② 颜色的依据为"性别";居外显示各个期限理财产品购买数量的最大最小值,标签字段命名为"数量"。

③ 组件按期限顺序自定义排序。

> **提示:**
> 在图形属性面板中通过"标签"按钮设置"最大/最小"显示;在组件工作界面下,单击横轴上"期限"字段的下拉按钮,在展开的菜单中选择"自定义排序",按"1个月"到"11个月"的顺序排序。

(3)为仪表板添加过滤组件,在仪表板中显示风险偏好属性为"中风险中收益"和"低风险低收益"的情况。

> **提示：**
> 在仪表板工作界面下，通过"过滤组件 - 文本过滤组件 - 文本列表"打开对话框，将"风险偏好属性"拖至右侧"字段"编辑栏，并在下方选中"中风险中受益"和"低风险低收益"的复选框。

（4）为仪表板添加文本组件"银行理财用户偏好分析"，文本设置为楷体、字号为40、加粗、黑色、居中对齐。

（5）调整各组件的位置和大小，仪表板效果如图3-97所示。

4）保存和导出

（1）以png格式导出"用户偏好分析"仪表板。

（2）运用数据迁移功能导出仪表板资源包。

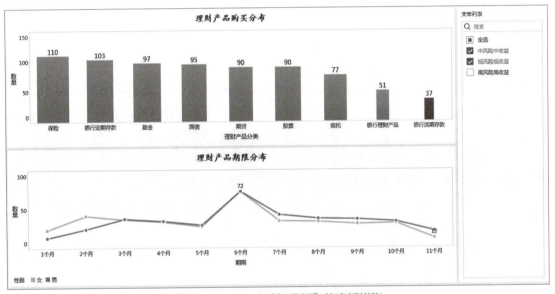

图 3-97 "用户偏好分析"仪表板样张

实训六 公式与函数

在数据可视化的过程中，我们除了可以使用原始数据外，还可以利用公式和函数对原始数据进行运算或处理，然后在此基础上作进一步的深入分析。所谓公式，指的是能够对数据进行执行计算、返回信息、测试条件等操作的方程式。而函数，指的是一类特殊的、预先编写的公式，不仅可以简化和缩短数据源中的公式，还可以完成更为复杂的数据运算。

本实训主要练习数据公式的使用方法。

新建"销售分析 - 公式与函数"业务包，数据表为"某公司销售数据.xlsx"中"全国订单明细"工作表。创建一个新计算字段"销售利润率"，并进行可视化分析。

实训目的

（1）知道数据公式及函数的基本概念。
（2）了解数据公式及函数的参数含义。
（3）掌握数据公式的操作方法及常见函数的使用。

实训分析

在对销售数据进行分析时，经常会使用到利润率这一指标数据。通常来说，利润率的主要形式有：

（1）销售利润率：一定时期的销售利润总额与销售收入总额之比。它表明单位销售收入获得的利润，反映销售收入和利润的关系。

（2）成本利润率：一定时期的销售利润总额与销售成本总额之比。它表明单位销售成本获得的利润，反映成本与利润的关系。

（3）产值利润率：一定时期的销售利润总额与总产值之比，它表明单位产值获得的利润，反映产值与利润的关系。

在"全国订单明细"工作表中，原始数据中并没有"销售利润率"这一字段，为了更好地了解各产品类别的利润情况，可以在项目中利用公式，以添加计算的方式来创建该指标字段，该指标通过"利润额"和"销售额"相除计算得到。

实训内容

1. 数据导入

新建"销售分析 - 公式与函数"业务包，数据源为"某公司销售数据.xlsx"中"全国订单明细"工作表。

操作步骤

01 打开 Fine BI，在"数据准备"功能菜单中，单击"添加业务包"。

02 在业务包列表中找到新建的业务包，单击右侧按钮 ⋯，选择"重命名"命令，将该业务包命名为"某公司销售数据"。

03 单击"某公司销售数据"，进入业务包管理界面，单击"添加表"，选择"Excel 数据集"，在弹出的对话框中选择指定的数据文件,即"某公司销售数据 .xlsx",单击"打开"按钮。

04 在数据预览界面,勾选"某公司销售数据 .xlsx"中的"全国订单明细工作表",单击"确定"按钮,完成数据的导入,导入成功后,业务包中将出现该 Excel 数据表。

2. 创建仪表板并添加组件

创建"数据公式"仪表板放置在"某公司销售数据"文件夹中。

操作步骤

01 在 Fine BI 的"仪表板"功能菜单中,单击"新建文件夹",命名为"某公司销售数据"。

02 单击"新建仪表板",在弹出的对话框中,输入仪表板名称"数据公式",位置为"某公司销售数据",单击"确定"按钮,浏览器新建"数据公式"仪表板窗口(选项卡)。

03 单击"添加组件"按钮。

04 在"添加组件"对话框的数据列表中,单击"某公司销售数据",再选择"全国订单明细"数据,单击"确定"按钮,如图 3-98 所示。

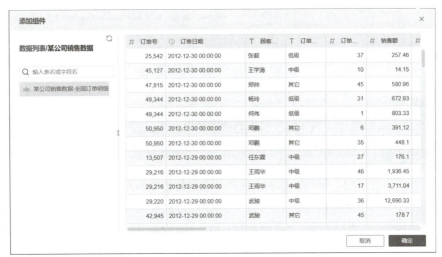

图 3-98　添加组件

3. 创建计算字段

创建"销售利润率"的计算字段,该指标通过"利润额"和"销售额"相除计算得到。在 Fine BI 中,需要将各指标先进行聚合再进行除法运算。

操作步骤

01 在组件工作界面中,单击左侧窗格中按钮 + (搜索字段的右侧),在弹出的对话框中,设置字段名称为"销售利润率"。

02 单击"函数",在"聚合函数"中选择 SUM_AGG 函数。

03 单击"数值字段"中的"利润额"字段,得到利润额的聚合值。需要注意的是,参与计算的字段不可以手动输入,对于手动输入的字段,系统会将其处理为文本,无法提取该字段所包含的数值。

04 输入运算符"/",或者在编辑框的上方选择运算符。

05 单击"聚合函数"中的 SUM_AGG 函数,然后单击"数值字段"中的"销售额"字段,得到销售的聚合值。完整的公式为"SUM_AGG(利润额)/SUM_AGG(销售额)",单击"确定"按钮,退出公式编辑对话框,如图 3-99 所示。

图 3-99　编辑计算字段

4. 可视化展示

展示每一类产品销售额、利润额与销售利润率情况。

操作步骤

01 在组件工作界面中,编辑标题为"各产品类别销售利润率",加粗、居中对齐。

02 将"产品类别"字段拖到维度,将"利润额""销售额""销售利润率"字段拖到指标。

03 单击指标中"销售利润率"字段边上的三角符号,设置"数值格式"。在弹出的"数值格式-销售利润率(聚合)"对话框中选中"百分比"单选按钮,小数位数为"2"位,如图 3-100 所示。

图 3-100　设置数值格式

04 单击右上方的"进入仪表板"按钮,退出组件工作界面,在仪表板中适当调整该组件大小,如图 3-101 所示。通过数据显示,可以发现家具产品类别的销售利润率明显低于其他两大产品类别。

各产品类别销售利润率

产品类别	利润额	销售额	销售利润率(%)
办公用品	526,300.91	3,818,329.18	13.78%
家具产品	114,490.53	5,282,395.63	2.17%
技术产品	908,298.54	6,053,895.45	15.00%
合计	1,549,089.98	15,154,620.26	10.22%

图 3-101　仪表板显示

5. 导出

导出图片。

操作步骤

01 在仪表板工作界面中,单击"导出"按钮,选择"导出 png"。

02 在浏览器默认下载路径下找到导出的文件"数据公式 .png",重命名为"各产品类别销售利润率 .png",移动到指定文件夹。

知识链接

1. 函数的组成

Fine BI 函数的计算由四个内容组成,分别是函数名、字段、运算符和文本表达式,其说明见表 3-5。

表 3-5　函数的组成

内　　容	说　　明
函数名	用于对字段中的值或成员进行转换的语句
字段	用户数据表中的维度或指标
运算符	指明运算的符号
文本表达式	按照写入内容表示的常量值

例如,假设需要将合同金额字段进行分类,大于 2 000 的为大订单,否则为小订单,可以利用 IF 函数写成:IF(合同金额 >2 000," 大订单 "," 小订单 "),对应计算内容的说明见表 3-6。

表 3-6　函数内容说明表

内　　容	说　　明	注 意 事 项
函数名	IF	—
字段	合同金额	字段必须在左侧字段框中选择,不可手动输入
运算符	>	运算符的优先级同 Office 组件中一致
文本表达式	字符串文本:" 大订单 "、" 小订单 " 数字文本:2 000	—

需要注意的是,并非所有计算都需要包含所有四个组件,有的计算可能不包含文本表达式。例如,在计算销售总金额时,可以使用 SUM_AGG(单价)*SUM_AGG(数量),该计算只包含函数 SUM_AGG、乘法运算符 (*) 以及字段"单价"和"数量"。此外,计算还可以包含过滤组件作为参数参与到计算中去,即可插入计算中以取代常量值的占位符变量。

2. 计算语法

在 Fine BI 中,涉及的计算语法见表 3-7。

表 3-7 计算语法说明表

组成部分	使用位置	语　　法	示　　例
函数	新增列、过滤、添加计算字段	语法详见对应函数:数学和三角函数、文本函数、日期函数、逻辑函数、其他函数;聚合函数、快速计算函数仅在添加计算字段时可用	SUM_AGG(数量)
字段	新增列、过滤、添加计算字段	字段需要在左侧的字段选择区域单击选择	合同金额(浅蓝色底)
运算符	新增列、过滤、添加计算字段	—	SUM_AGG(单价)*SUM_AGG(数量)
文本表达式	新增列、过滤、添加计算字段	数字文本写为数字;字符串文本和日期文本带有引号;布尔文本写为 true 或 false;Null 文本写为 null	2 000 " 大订单 "、"2020-07-15" true 或者 false null
过滤组件作为参数参与计算	添加计算字段	过滤组件值变成一个参数值,过滤组件的名字即为参数名,写法同"字段"一致	IF(合同金额 > 数值下拉过滤组件 ," 大订单 "," 小订单 ")

在 Fine BI 中,函数是计算的主要组成部分,使用过程中需要注意以下两点:

(1)函数在 Fine BI 计算中显示为蓝色,每个函数都有特定的语法。

例如:在 Fine BI 中创建仪表板,添加计算字段,在打开的计算编辑器中,单击函数位置的图标,将出现一个"函数列表"。紧接着是"字段选择位置",从函数列表中选择函数时,最右侧的部分将更新,包含有关该函数的必需语法、说明的信息和一个或多个示例,如图 3-102 所示。

图 3-102　函数添加方法

（2）可以在计算中使用多个函数。

例如：IF(SIGN(利润)=1, 利润 ,0)

该计算中有两个函数: IF、SIGN。其中一个函数包括在另一个函数中，即嵌套。在这种情况下，将在计算 IF 函数之前先计算括号内部的"利润"字段的 SIGN 函数。SIGN 函数的作用为返回数值的正负性。当数字为正数时返回 1，为零时返回 0，为负数时返回 -1。

3. 聚合函数

聚合函数是指对一组数据进行汇总。在 Fine BI 中，一般使用聚合函数汇总后的值进行再计算。不同的聚合函数对应不同的汇总方式，汇总方式包括：求和、平均、中位数、最大值、最小值、标准差、方差、去重计数和计数。在使用过程中，Fine BI 会随着用户分析维度的切换，计算字段会自动跟随维度动态调整。

聚合函数列表见表 3-8。

表 3-8 聚合函数列表

函　　数	定　义
SUM_AGG	对指定维度（拖入分析栏）数据进行汇总求和
AVG_AGG	根据当前分析维度，返回指标字段的汇总平均值，生成结果为一数据列，行数与当前分析维度行数一致
COUNT_AGG	对指定维度（拖入分析栏）数据进行计数（非空的单元格个数）
COUNTD_AGG	对指定维度（拖入分析栏）数据进行去重计数（非空的单元格去重个数）
MIN_AGG	根据当前分析维度，返回指标字段的最小值，生成结果为一数据列，行数与当前分析维度行数一致
MAX_AGG	根据当前分析维度，返回指标字段的最大值，生成结果为一数据列，行数与当前分析维度行数一致
MEDIAN_AGG	根据当前分析维度，返回指标字段的中位数，生成结果为一数据列，行数与当前分析维度行数一致
VAR_AGG	根据当前分析维度，动态返回指标字段的方差，生成结果为一动态数据列，行数与当前分析维度行数一致
STDEV_AGG	根据当前分析维度，返回指标字段的标准差，生成结果为一数据列，行数与当前分析维度行数一致
PERCENTILE_AGG	根据当前分析维度，从给定表达式返回与指定数字对应的百分位处的值。数字必须介于 0 到 1 之间（含 0 和 1），例如 0.66，并且必须是数值常量
APPROX_COUNTD_AGG	根据当前分析维度，动态返回某字段的近似去重计数，生成结果为一动态数据列，行数与当前分析维度行数一致

在实际使用过程中，求和聚合函数 SUM_AGG 是使用频次最高的聚合函数，其格式为：

语法：SUM_AGG(array)

功能：根据当前分析维度，返回指标字段的汇总求和值，生成结果为一数据列，行数与当前分析维度行数一致。

参数说明：array 必须为非聚合函数公式返回的结果，可以是某指标字段、维度或指标字段与普通公式的计算结果。

在聚合函数使用过程中，需要注意和非聚合函数使用的区别。以求平均值为例，由于公式原理的不同，使用聚合函数求平均和非聚合函数求平均的结果是不同的，含义也不同。例如，有一个数据分析，需要分析维度为 2021 年的合同的平均金额，公式意义见表 3-9。

表 3-9 公式原理对比

公 式	计 算 顺 序
合同金额 / 购买数量	对 2021 年 "每单合同" 依据公式 "合同金额 / 购买数量" 求出 "每单合同的平均值"；对 2021 年所有合同的平均值进行了 "求和汇总"
SUM_AGG(合同金额)/SUM_AGG(购买数量)	对 2021 年的合同金额汇总；对 2021 年购买数量汇总；依据公式 "合同金额 / 购买数量"，使用 2021 年合同金额汇总值除以 2021 年购买数量汇总值，得到 2021 年的合同的平均值

拓展训练

1. 商品单利润分析

在 "销售分析 - 公式与函数" 业务包下，数据表为 "某公司销售数据 .xlsx" 中 "全国订单明细" 工作表。在数据公式仪表板下，新建组件 "商品单利润分析"，对不同产品子类别下商品单利润进行可视化分析，并导出 png 格式的图片，如图 3-103 所示。其中，新计算字段 "商品单利润" 由 "利润额" 字段和 "订单数量" 字段相除得到。

> 提示：
> 商品单利润字段完整的公式为 "SUM_AGG(利润额)/SUM_AGG(订单数量)"。

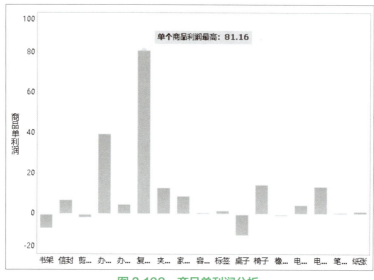

图 3-103 商品单利润分析

2. 盈亏分析

在 "销售分析 - 公式与函数" 业务包下，数据表为 "某公司销售数据 .xlsx" 中 "全国订单明细"工作表。在数据公式仪表板下,新建组件"盈亏分析",对不同订单等级下利润的盈亏情况进行可视化分析,并导出 png 格式的图片,如图 3-104 所示。假设利润额为非负数时记为"盈利",否则记为"亏损"。

> **提示:**
> 盈亏情况字段完整的公式为"IF(SIGN(利润额)=1," 盈利 "," 亏损 ")"。

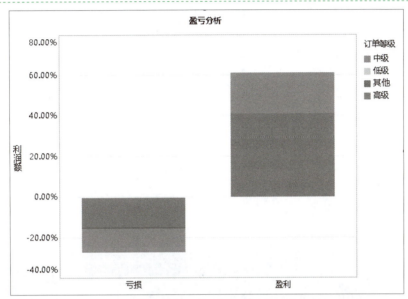

图 3-104　盈亏分析

实训七　图表制作进阶

根据该公司订单数据，通过在仪表板中绘制不同的可视化组件展示每月的销售情况。

实训目的

（1）掌握热力区域图、仪表盘、自定义组件等可视化组件的应用场景及功能。
（2）掌握不同可视化组件类型的图形属性与组件样式设置。
（3）掌握仪表板过滤组件。
（4）掌握仪表板的优化设计。

实训分析

绘制并设计仪表板用于描述和展示以下问题：
（1）月销售总额、利润总额以及利润率情况如何？
（2）月每日销售额是否有波动变化？销售额与利润额变化趋势如何？
（3）每月各省订单分布大致情况如何？

实训内容

制作如图 3-105 所示的仪表板。

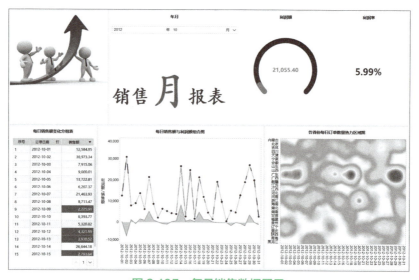

图 3-105　每月销售数据展示

1. 新建仪表板，添加文本组件与图片组件

在"某公司销售数据分析"文件夹下再新建一个名为"每月销售数据展示"的仪表板。如图 3-106 所示，为仪表板添加图片组件，将素材文件夹中 sc.jpg 图片插入图片组件。为仪表板添加文本组件，编辑文本，文本格式为楷体、字号为 64、加粗、蓝色，文字"月"字体为楷体、字号为 128、加粗、红色。为仪表板添加"年月"过滤组件，以便查看每年每月的销售数据。

图 3-106　添加文本组件、图片组件和过滤组件

操作步骤

01 打开 Fine BI，导入实训素材资源包"素材 .zip"。

02 在"仪表板"功能菜单下"某公司销售数据分析"文件夹中再新建一个名为"每月销售数据展示"的仪表板。

03 图片组件编辑。

（1）添加图片组件。单击仪表板工作界面左侧"其他"按钮，在展开的菜单中单击"图片组件"按钮，会在仪表板上方添加一个图片组件。

（2）上传图片。双击仪表板中的图片组件，弹出"选择要加载的文件"对话框，选择素材文件夹中 sc.jpg 图片单击"打开"按钮上传图片至图片组件。

（3）调整图片尺寸。如图 3-107 所示，选择图片组件，单击组件右侧图片尺寸按钮，在展开的选项中单击选中"等比适应"单选按钮。

（4）如图 3-106 所示，调整图片组件高度和宽度。

图 3-107　调整图片尺寸

04 文本组件编辑。在仪表板工作界面中，单击仪表板工作界面左侧"其他"按钮，在展开的菜单中单击"文本组件"按钮，会在仪表板上添加一个文本组件。参考如图 3-106 所示效果及要求编辑文本并选中相应文字设置字体格式。

05 添加"年月"过滤组件。

（1）单击仪表板工作界面左侧"过滤组件"按钮，在展开的菜单中单击"年月"按钮为仪表板添加年月过滤组件。

（2）如图 3-108 所示，在弹出的对话框中，选择数据集，并利用鼠标拖动的方式添加"订单日期"至右侧字段栏中，单击"确定"按钮完成。

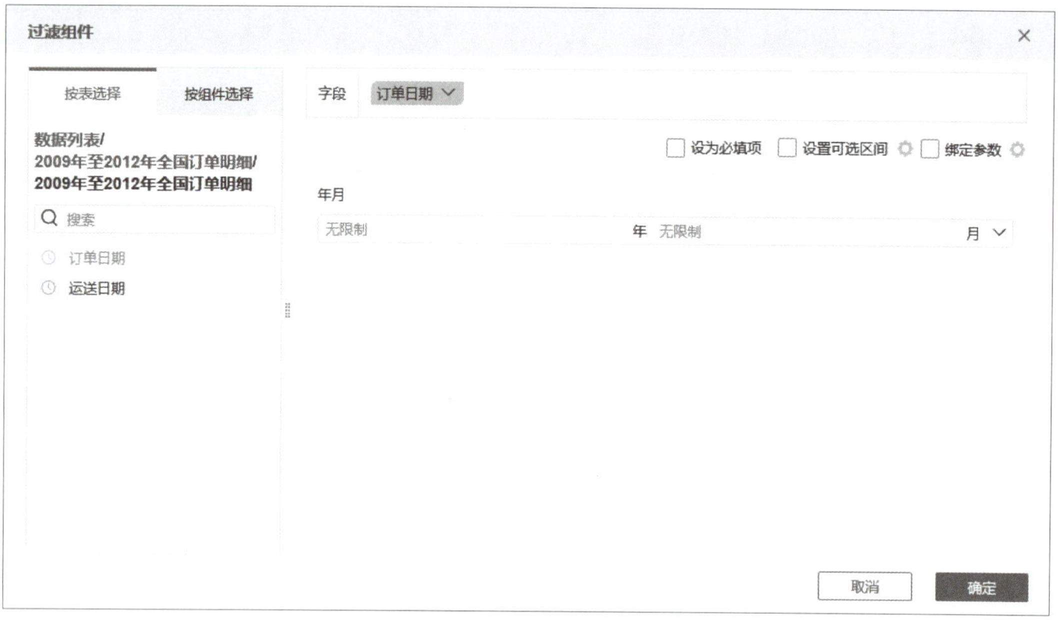

图 3-108　过滤组件设置

06 调整组件位置及大小。如图 3-106 所示，设置各组件相应位置及大小，过滤组件设置悬浮后再调整相应位置。

2. 添加组件展示月销售情况

按照以下要求在"每月销售数据展示"仪表板中添加组件用于展示每月的销售情况。所有组件标题字号为 14、加粗、黑色。

显示利润额。如图 3-109 所示（图中为 2012 年 10 月利润额），设置组件标题为"利润额"，标题居中显示，图表类型为"仪表盘"，设置仪表盘数据指针颜色为蓝色，显示标签利润额，标签文本字号为 18、加粗、绿色。

操作步骤

01 添加组件，选择 "2009 年至 2012 年全国订单明细"数据集。

02 将"利润额"指标字段拖至组件预览区域。

03 编辑标题名称为"利润额"，设置标题自定义字体样式：字号为 14、黑色、加粗、居中对齐。

04 更改组件类型为"仪表盘"。单击组件类型中仪表盘图标即可完成组件类型更改。

05 图形属性。

（1）颜色设置。将左侧窗格字段区域中"销售额"字段拖至图形属性面板中的"目标值"框。如图 3-110 所示，单击图形属性面板中的"颜色"设置按钮，在弹出设置面板中设置"利润额"绿色（#36e939）显示，指针绿色显示，刻度槽蓝色显示。

（2）标签设置。将左侧窗格字段区域中"利润额"字段拖至图形属性面板中的"标签"框。单击"标签"设置按钮，在展开的标签格式设置面板中，单击"内容格式"设置框中的"编辑"按钮，弹出"编辑标签"对话框，自定义设置标签格式字号为 18、加粗、绿色，如图 3-111 所示。

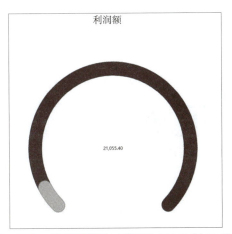

图 3-109　仪表盘样张 - 利润额（2012 年 10 月）

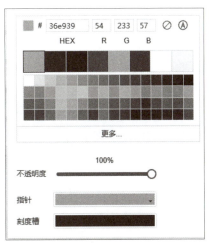

图 3-110　仪表盘数据指针颜色设置

图 3-111　标签格式设置

⑥ 利用过滤组件查看月销售额。在仪表板工作界面中，如图 3-112 所示，定义当前仪表板年月为 2012 年 10 月。

显示利润率。如图 3-113 所示，设置组件标题为"利润率"，标题居中对齐，组件类型为"Kpi 指标卡"，数值格式为百分比，保留两位小数点，文本字号为 18、加粗、蓝色、居中。

图 3-112　年月过滤组件定义年月

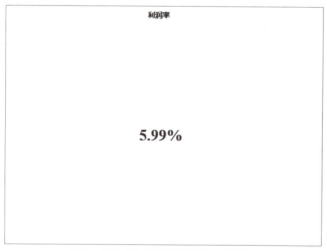

图 3-113　Kpi 指标卡样张 -利润率

操作步骤

01 添加组件，选择数据集。添加组件，选择"2009 年至 2012 年全国订单明细"Excel 数据集。

02 添加计算字段。在组件工作界面中，单击界面左侧上方的添加计算字段按钮 +，如图 3-114 所示，在对话框中输入字段名称"利润率"，并输入公式"SUM_AGG(利润额)/SUM_AGG(销售额)"，单击"确定"按钮。此时，指标字段区域下方新增了一个新的计算字段"利润率"。

03 编辑标题。编辑标题名称"利润率"，设置标题自定义字体样式：字号为 14、黑色、加粗、居中。

04 更改组件类型为"Kpi 指标卡"。将"利润率"计算字段拖至组件预览区域。单击组件类型中 Kpi 指标卡图标 即可完成组件类型更改。

05 组件属性。

（1）数值格式设置。如图 3-115 所示，单击"文本"栏中"利润额 聚合"下拉按钮，在展开的选项中单击"数值格式"，弹出"数值格式 - 利润额（聚合）"对话框。如图 3-116 所示，设置百分比显示，小数位数"2"位。

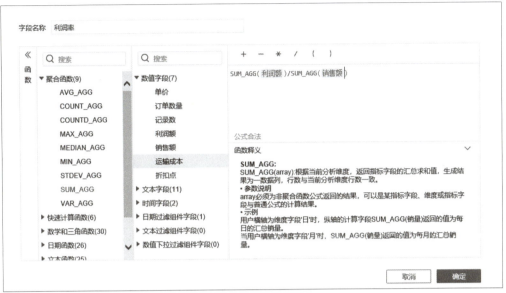

图 3-114　添加计算字段 - 利润率

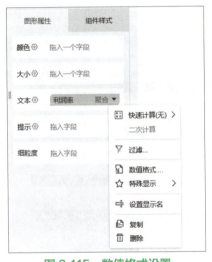

图 3-115　数值格式设置

图 3-116　百分比显示

（2）文本格式设置。单击"文本"设置按钮，在展开的文本格式设置面板中，单击"内容格式"设置框中的"编辑"按钮，弹出"编辑文本"对话框，如图 3-117 所示，删除文本"利润率"，自定义设置"利润率（聚合）"格式字号为 30、加粗、蓝色、居中，单击"确定"按钮。

06 仪表板效果如图 3-105 所示。

显示每日销售额变化。如图 3-118 所示，设置组件标题为"每日销售额变化分组表"，组件类型为"分组表"，添加颜色设置为单日销售额总和低于 5 000 元的单元格背景颜色为红色。

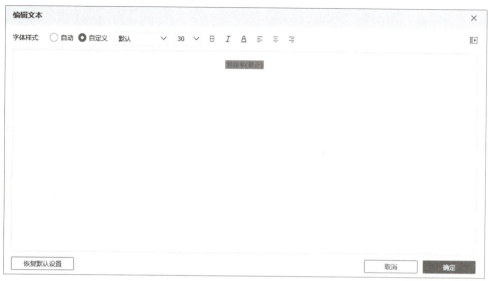

图 3-117　文本格式编辑

图 3-118　分组表样张 - 每日销售额变化

操作步骤

01 添加组件，选择数据集。添加组件，选择"2009 年至 2012 年全国订单明细"Excel 数据集。

02 将多个字段拖至组件区域。分析题意，可视化所需数据字段为"订单日期""销售额"共两个字段。按住【Ctrl】键在左侧窗格字段区域中单击选中"订单日期""销售额"这两个字段，拖至组件预览区域。

03 编辑标题。编辑标题名称"每日销售额变化分组表"，设置标题自定义字体样式：字号为 14、黑色、加粗。

04 组件类型为"分组表"。如图 3-119 所示,当前默认以分组表展示每日销售额总和。

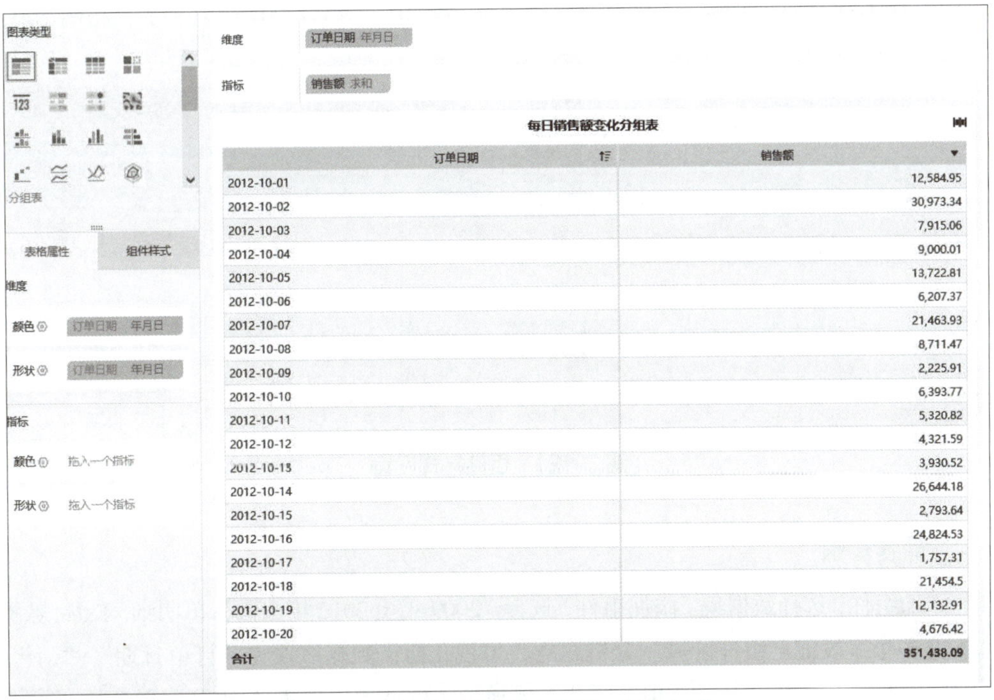

图 3-119　修改订单日期显示为"年月日"

05 颜色设置。
(1)向图形属性面板中的"指标颜色"框拖至"销售额"字段。
(2)单击"颜色"设置按钮⚙,在弹出的设置面板中单击"添加条件"按钮,如图 3-120 所示,设置条件为销售额低于 5 000,背景颜色为红色(#dd4b4b)。

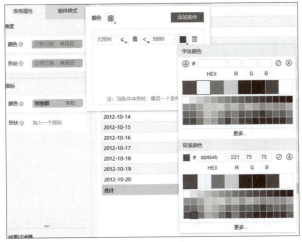

图 3-120　颜色设置

06 组件样式。如图 3-121 所示,设置分页行数为 15,并显示序号。
显示每日销售额和利润额的时间变化趋势。如图 3-122 所示,设置组件标题为"每日销售额与利润额组合图",销售额使用蓝色折线图展示,利润额使用绿色面积图展示,销售额闪烁动画效果,不显示分类轴的轴标题,轴标签文本方向为 -90°,组件整体适应显示,图例不显示。

图 3-121　组件样式设置

操作步骤

01 添加组件,选择数据集。添加组件,选择"2009 年至 2012 年全国订单明细"Excel 数据集。

02 将多个字段拖至组件区域。分析题意,可视化所需数据字段为"订单日期""销售额""利润额"共三个字段。按住【Ctrl】键在左侧窗格字段区域中单击选中这三个字段,拖至组件预览区域。

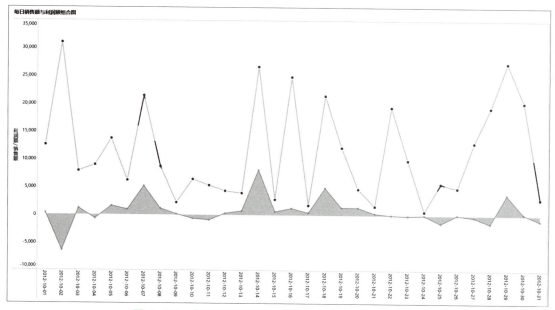

图 3-122　自定义组件样张 - 每日销售额与利润额组合图

03 编辑标题。编辑标题名称"每日销售额与利润额组合图",设置标题自定义字体样式:字号为 14、黑色、加粗。

04 自定义图形设置。

(1)单击组件类型中自定义组件图标，此时利润额与销售额为柱形图展示。

(2)如图 3-123 所示，在图形属性面板中，单击"利润额（求和）"栏展开设置窗格，修改利润额面积图显示。单击"销售额（求和）"栏展开设置窗格，修改销售额折线图显示。

(3)颜色设置。单击"颜色"设置按钮，如图 3-124 所示，设置利润额绿色显示，销售额蓝色显示。

图 3-123　自定义组件设置

图 3-124　配色方案

05 闪烁动画效果。

(1)如图 3-125 所示，单击纵轴上"销售额 求和"下拉按钮，在展开的菜单中单击"特殊显示"选项，在级联菜单中单击"闪烁动画…"选项，弹出"闪烁动画 - 销售额（求和）"对话框。

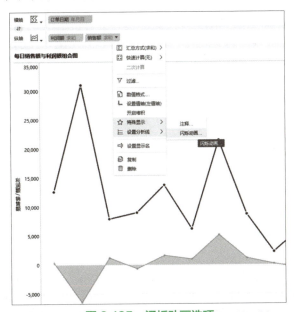

图 3-125　闪烁动画选项

（2）单击"添加"按钮，出现添加编辑界面，如图 3-126 所示，采用默认闪烁时间间隔 2 s 设置，单击"确定"按钮完成。

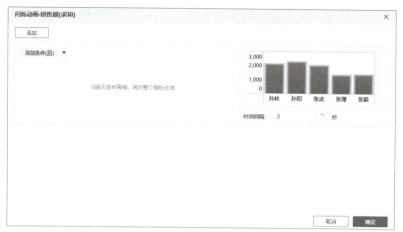

图 3-126　闪烁时间间隔 2 s

06 不显示分类轴的轴标题，轴标签文本方向为 -90°。在横纵轴区域，单击横轴上"订单日期 年月日"下拉按钮，在展开的菜单中单击"设置分类轴"选项，弹出"设置分类轴 - 订单日期（年月日）"对话框，如图 3-127 所示，不勾选"显示轴标题"复选框，设置轴标签文本方向为 -90°。

07 组件样式。如图 3-128 所示，设置组件整体适应显示，不显示图例。

图 3-127　轴标签文本方向设置

图 3-128　组件样式设置

08 仪表板效果如图 3-105 所示。

显示每日各省订单数量大致分布。如图 3-129 所示，设置组件标题为"各省份每日订单数量热力区域图"，添加"订单数量"热力色，渐变方案"热力 2"，不显示轴标题，订单日期所在轴的标签文本方向为 -90°，组件整体适应显示，图例不显示。

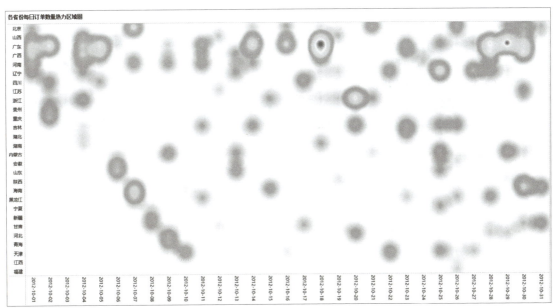

图 3-129　热力区域图样张 - 各省份每日订单数量

操作步骤

01 添加组件，选择数据集。添加组件，选择"2009 年至 2012 年全国订单明细"Excel 数据集。

02 将多个字段拖至组件区域。分析题意，可视化所需数据字段为"订单日期""省份""订单数量"共三个字段。按住【Ctrl】键在左侧窗格字段区域中单击选中这三个字段，拖至组件预览区域。

03 编辑标题。编辑标题名称"各省份每日订单数量热力区域图"，设置标题自定义字体样式：字号为 14、黑色、加粗。

04 更改组件类型为"热力区域图"。单击组件类型中热力区域图图标 ，即可完成组件类型更改。

05 图形属性。

（1）此时，组件属性面板中"大小"依据为"订单数量"字段。按住左键将"大小"设置栏中的"订单数量"字段拖动至"热力色"设置栏中，仅用热力色描述订单数量。

（2）如图 3-130 所示，单击"热力色"设置按钮 ，在展开的设置面板中，设置渐变方案为"热力 2"。

06 不显示轴标题，分类轴的轴标签文本方向为 -90°。

（1）单击横轴上"订单日期 年月日"下拉按钮，在展开的菜单中单击"设置分类轴"选项，弹出"设置分类轴 - 订单日期（年月日）"对话框，不勾选显示轴标题，设置轴标签文本方向为 -90°。

图 3-130　热力色设置

（2）单击纵轴上"省份"下拉按钮，在展开的菜单中单击"设置分类轴"选项，弹出"设置分类轴-省份"对话框，不勾选"显示轴标题"复选框。

07 组件样式。设置组件整体适应显示，不显示图例。

08 仪表板效果如图3-105所示。

3. 仪表板布局

如图3-105所示，进行仪表板布局调整。

操作步骤

01 分别选中"利润额"和"利润率"图表，设置以上两个图表悬浮。参考图3-105，调整各图表大小和图表位置。

02 "每日销售额变化瀑布图"和"每日销售额与利润额组合图"上下布局，组件宽度相当，从视觉上可以满足"每日销售额变化瀑布图"组件借用"每日销售额与利润额组合图"组件横轴标签（日期）的效果。

> **提示：**
> 实训三样张中展示的是2012年10月销售数据。在"每月销售数据展示"仪表板中，可以通过年月过滤组件的设置，查看不同年月的销售数据。

4. 保存和导出

以png格式导出"每月销售数据展示"仪表板。运用数据迁移功能导出原始数据和仪表板。

操作步骤

参考实训三保存导出资源包resource.zip。

拓展训练

1. "门诊相关数据分析"仪表板的创建

1）数据准备，导入数据

（1）添加一个名为"某医院门诊数据分析"组，并在该组内添加一个名为"门诊数据"的业务包。

（2）为"门诊数据"业务包添加Excel数据集，数据集分别命名为"门诊数据明细"和"医生门诊数据"，数据源分别为"某医院门诊数据.xlsx"中的"门诊明细表"和"医生门诊数据表"。

2）新建仪表板，仪表板编辑

（1）新建一个名为"某医院门诊数据分析"文件夹，在该文件夹下新建一个名为"门诊相关数据分析"的仪表板。

（2）仪表板样式设置为"预设样式4"。

3）添加组件，组件属性编辑

（1）为仪表板添加第一个组件，连接"门诊数据明细"数据集，用于呈现门诊预约类型分布情况。

①组件采用"饼图"展示，右侧显示图例。标题设置为"预约类型分布"，标题文本设置为

加粗、字号为20、黑色、居中对齐。

② 颜色的依据为"预约类型";角度的依据为"记录数",字段命名为"人数";以百分比形式居外显示各预约类型的名称和预约人数占比情况,结果保留两位小数,标签文本设置为加粗、字号为14。

(2)为仪表板添加第二个组件,连接"门诊数据明细"数据集,用于呈现病人年龄段分布情况。

① 组件采用"分区柱形图"展示,不显示图例、轴线、横向网格线和纵向网格线。标题设置为"病人年龄段情况",标题文本设置为加粗、字号为20、黑色、居中对齐。

② 颜色的依据为"病人年龄段";居外显示各年龄段的病人数量,标签字段命名为"人数",添加单位后缀"人"。

③ 组件按人数降序排序,不显示纵横轴标题。

(3)为仪表板添加第三个组件,连接"门诊数据明细"数据集,用于呈现科室就诊人数情况。

① 组件采用"折线雷达图"展示,不显示图例和轴线、横向网格线的颜色设置为灰色(#737373)。标题设置为"科室就诊人数情况",标题文本设置为加粗、字号为20、黑色、居中对齐。

② 横轴的依据为"科室"、纵轴的依据为"记录数",字段命名为"人数",纵轴刻度最大值设置为105;颜色的依据为"指标名称",颜色值设置为浅蓝色(#85d3cd)。

> **提示:**
> 在组件类型中选择"折线雷达图",横轴字段为"科室"、纵轴字段为"记录数",形成折线雷达图;纵轴字段"人数"设置值轴(左值轴)可以自定义轴刻度的最大值。

(4)为"门诊相关数据分析"仪表板添加第四个组件连接"门诊数据明细"数据集,用于呈现各科室的收入情况。

① 组件采用"矩形树图"展示,下方显示图例。标题设置为"科室收入情况",标题文本设置为加粗、字号为20、黑色、居中对齐。

② 颜色的依据为"费用",若"费用"小于30 000则粉色(#e89bb4)显示,大于或等于30 000小于70 000则淡蓝色(#83e7df)显示,大于或等于70 000则蓝色(#007bbb)显示;大小的依据为"费用";居中显示科室信息,标签文本设置为加粗、字号为16、黑色。

(5)为仪表板添加第五个组件,连接"医生门诊数据"数据集,用于呈现出诊次数情况。

① 组件采用"分区折线图"展示,不显示图例、轴线、横向网格线和纵向网格线,自适应显示设置为"整体适应"。标题设置为"出诊次数情况",标题文本设置为加粗、字号为20、黑色、居中对齐。

② 组件不显示纵轴和横轴的标题、时间分组以"月份"格式显示,日期格式设置为"yyyy年MM月dd日"。

③ 折线图线型设置为曲线,居上显示出诊次数的最大最小值。

> **提示:**
> 在图形属性面板中通过"连线"按钮设置"曲线"线型;横轴字段"时间"的下拉列表中设置时间分组和日期格式。

（6）为"门诊相关数据分析"仪表板添加第六个组件，连接"医生门诊数据"数据集，用于呈现病人年龄段分布情况。

① 组件采用"玫瑰图"展示，上方显示图例。标题设置为"医生出诊记录"，标题文本设置为加粗、字号为20、黑色、居中对齐。

② 颜色的依据为"职务"；半径的依据为"记录数"，字段命名为"人数"，半径大小90、内径占比50%；角度的依据为"出诊次数"。

> **提示：**
> 在组件类型中选择"玫瑰图"，颜色字段为"职务"，半径字段为"记录数"，角度字段为"出诊次数"，形成玫瑰图。

（7）为仪表板添加过滤组件，在仪表板中显示"医生号别类型"为"专家""特需专家""知名专家"的情况。

（8）为仪表板添加文本组件"门诊相关数据分析"，文本设置为字号为40、黑色、居中对齐。

（9）调整各组件的位置和大小，仪表板效果如图 3-131 所示。

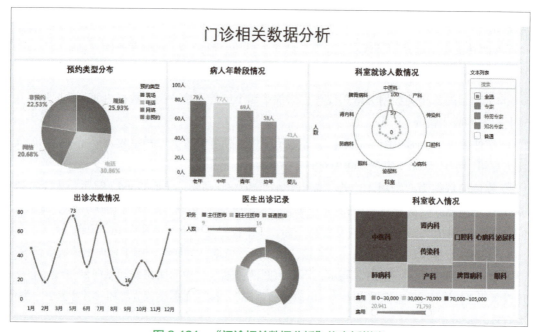

图 3-131 "门诊相关数据分析"仪表板样张

4）保存导出

（1）以 png 格式导出"门诊相关数据分析"仪表板。

（2）运用数据迁移功能导出仪表板资源包。

2. "门店销售状况分析"仪表板的创建

1）数据准备，导入数据

（1）添加一个名为"门店销售分析"组，并在该组内添加一个名为"销售数据"的业务包。

（2）为"销售数据"业务包添加 Excel 数据集，数据集命名为"门店销售数据明细"。数据源为"门店销售数据 .xlsx"。

2）新建仪表板，仪表板编辑

（1）新建一个名为"门店销售分析"文件夹，在该文件夹下新建一个名为"门店销售状况分析"的仪表板。

（2）设置仪表板样式为"预设样式 4"。

3）添加组件，组件属性编辑

（1）为仪表板添加第一个组件，用于呈现销售额总和。组件采用"kpi 指标卡"展示，不显示组件标题，文本格式设置为加粗、字号为 20；数值格式设置为加粗、字号为 24、蓝色（#007bbb）、数值单位为"万"。

（2）为仪表板添加第二个组件，用于呈现毛利总和。组件采用"Kpi 指标卡"展示，不显示组件标题，文本格式设置为加粗、字号为 20；数值格式设置为加粗、字号为 24、蓝色（#007bbb）、数值单位为"万"。

（3）为仪表板添加第三个组件，添加计算字段"毛利率"，以百分比形式显示，结果保留三位小数，用于呈现毛利率情况。组件采用"kpi 指标卡"展示，不显示组件标题，文本格式设置为加粗、字号为 20；数值格式设置为加粗、字号为 24、蓝色（#007bbb）。

> **提示：**
> 利用计算公式"SUM_AGG(毛利)/SUM_AGG(销售额)"创建计算字段"毛利率"。

（4）为仪表板添加第四个组件，用于呈现不同地区销售分布情况。

① 组件采用"词云"展示，不显示图例。标题设置为"不同地区销售分布"，文本字号为 24。

② 颜色的依据为"销售额"，渐变类型为"连续渐变"、渐变方案为"现代"；大小的依据为"销售额"、字号设置为 60；文本的依据为"所属小区"。

（5）为仪表板添加第五个组件，用于呈现各类品牌销售额情况。

① 组件采用"聚合气泡图"展示，不显示图例。标题设置为"品牌销售额"，字号为 24。

② 颜色的依据为"品类描述"，大小的依据为"销售额"，细粒度的依据为"品类描述"。

③ 为"销售额"前三的品牌设置注释，注释内容为"品类描述"，注释文字设置为红色（#dd4b4b）。

> **提示：**
> 在组件类型中选择"聚合气泡图"，颜色字段为"品类描述"、大小字段为"销售额"、细粒度字段为"品类描述"，形成聚合气泡图；在"销售额"字段中通过"特殊显示 - 注释"按钮设置注释，在注释界面中，单击"添加条件"按钮，设置条件为"销售额（求和）"中"最大的 N 个"，在右侧文本框中添加"品类描述"字段作为注释文本，并设置颜色。

（6）为仪表板添加第六个组件，用于呈现销售额和毛利的月度趋势情况。

① 组件采用"范围面积图"展示。标题设置为"月度销售趋势"，字号为 24。

② 组件不显示横轴和纵轴的标题，"销售日期"以"年月"格式显示，设置纵轴刻度的最大值为 1 200 万，数量单位为"万"。

③ 为"销售额"和"毛利"的整个指标添加闪烁动画。

> **提示：**
> 在组件类型中选择"范围面积图"，横轴字段为"销售日期"、纵轴字段为"销售额"和"毛利"，关闭纵轴字段的堆积，生成范围面积图；在"销售额"字段中通过"特殊显示 - 闪烁动画"按钮设置闪烁动画，在闪烁动画界面中单击"添加"按钮，不设置其他条件，闪烁动画将对整个指标生效。

（7）为仪表板添加第七个组件，用于呈现不同性质门店的盈利对比。

① 组件采用"对比柱形图"展示，不显示图例、轴线、横向网格线和纵向网格线。标题设置为"自有店/管理店盈利对比"，字号为 24。

② 复制"销售额"字段命名为"自有店"，筛选出"自有店"的销售额总和，复制"销售额"字段命名为"管理店"，筛选出"管理店"的销售额总和。

③ 以"自有店"和"管理店"字段生成对比柱形图，"销售日期"以"年月"格式显示。颜色的依据为"指标名称"；不显示纵轴的标题，横轴中字段的数量单位设置为"万"。

> **提示：**
> 在指标区域中对"销售额"字段进行复制，生成"销售额 1"字段，重命名为"自有店"字段，对字段设置"明细过滤"，添加条件筛选出店性质为"自有店"的销售额数据，以相同方法生成"管理店"字段；在组件类型中选择"对比柱形图"，纵轴字段为"销售日期"，横轴字段为"自有店"和"管理店"字段，颜色字段为"指标名称"，再次单击"对比柱形图"图标，形成如图 3-132 所示的对比柱形图。

（8）为仪表板添加第八个组件，用于呈现不同风格门店的盈利对比。

① 组件采用"多系列折线图"展示，上方显示图例。标题设置为"时尚馆/生活馆盈利对比"，文本字号为 24。

② "销售日期"以"年月"格式显示，颜色的依据为指标名称，设置"生活馆"颜色为黄色（#fba74f）、时尚馆颜色为蓝色（#007bbb）。

③ 组件不显示横轴和纵轴的标题，纵轴刻度最大值设置为 700 万，数量单位为"万"。

（9）为"门店销售状况分析"仪表板添加过滤组件，在仪表板中显示所有门店的情况。

（10）为仪表板添加文本组件"门店销售状况分析"，文本设置为加粗、字号为 40、蓝色（#007bbb）、居中对齐。

（11）调整各组件的位置和大小，仪表板效果如图 3-132 所示。

4）保存导出

（1）以 png 格式导出"门店销售状况分析"仪表板。

（2）运用数据迁移功能导出仪表板资源包。

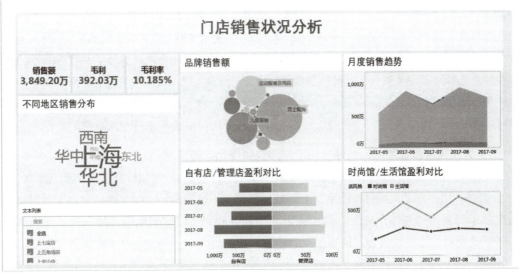

图 3-132 "门店销售状况分析"仪表板样张

3. "某零售企业月度分析"仪表板的创建

1）数据准备，导入数据

（1）添加一个名为"某零售企业月度分析报告"组，并在该组内添加一个名为"月度数据"的业务包。

（2）为"月度数据"业务包添加 Excel 数据集，数据集命名为"1 月数据明细"。数据源为"某零售企业销售数据 .xlsx"中的"1 月"工作表。

2）新建仪表板，仪表板编辑

（1）新建一个名为"某零售企业月度分析报告"文件夹，在该文件夹下新建一个名为"某零售企业月度分析"的仪表板；

（2）仪表板样式设置为"预设样式 1"，在仪表板样式中将组件标题统一设置为背景蓝色（#007bbb）、字号为 20、白色、加粗、居中对齐。

> **提示：**
> 单击"仪表板样式"按钮，在打开的界面中选择仪表板样式、自定义设置仪表板、标题、组件等对象的格式。

3）添加组件，组件属性编辑

（1）为仪表板添加第一个组件，用于呈现各省份销售金额的情况。

① 组件采用"点地图"展示，数据以矩形块的形式展示，不显示图例。标题设置为"各省份销售金额情况"。

② 将"省份"字段转化为地理角色"省 / 市 / 自治区"。颜色的依据为"销售金额"，渐变类型设置为"连续渐变"，渐变方案设置为"现代"；大小的依据为"销售金额"，宽度设置为 40；居外显示全部省份信息。

③ 为组件添加提示，内容为"省份""销售金额""利润"，数量单位为"万"。

> **提示：**
> 在维度区域中单击"省份"字段，选择"地理角色（无）- 省/市/自治区"，进入地理角色匹配界面，在维度区域"省份"字段下会生成转化为地理角色的经度、纬度字段；在组件类型中选择"自定义组件"，横轴字段为"省份（经度）"、纵轴字段为"省份（纬度）"，组件属性选择"矩形块"，颜色和大小字段为"销售金额"、标签字段为"省份"、提示字段为"省份""销售金额""利润"，形成以"矩形块"形式展示的"点地图"。

（2）为仪表板添加第二个组件，用于呈现销售变化趋势情况。

① 通过计算公式"SUM_AGG(利润)/SUM_AGG(销售金额)"添加计算字段"利润率"。

② 组件采用"自定义组件"展示，上方显示图例，不显示轴线、横向网格线和纵向网格线、自适应显示设置为"整体适应"。"销售金额"和"利润"以柱形图形式展示，"利润率"以折线图形式展示。标题设置为"销售变化趋势"。

③ 颜色的依据为"指标名称"，"订单日期"以"日"格式显示，不显示横轴的标题。设置"利润率"折线图使用"右值轴"，轴刻度的最小值为 0、最大值为 0.2、间隔值为 0.02；"销售金额"和"利润"字段的数量单位为"万"，"利润率"字段的数值格式为百分比显示，小数位数两位。

④ 为"利润率"字段添加警戒线，警戒线名称为"平均利润率"，显示利润率的平均值。

> **提示：**
> 在组件类型中选择"自定义组件"，横轴字段为"订单日期"、纵轴字段为"销售金额""利润""利润率"，"利润率"字段的共用轴设置为"右值轴"，自定义右值轴的轴刻度；在"利润率"字段中通过"设置分析线 - 警戒线（横向）"设置警戒线，在警戒线界面中单击"添加警戒线"按钮，设置警戒线名称，单击下方按钮 fx，设置警戒线的计算公式为利润率的平均值。

（3）为仪表板添加第三个组件，用于呈现用户销售额/利润年龄分布情况。

① 组件采用"对比柱状图"展示，不显示图例、轴线、横向网格线和纵向网格线。标题设置为"用户销售额/利润年龄分布"。

② 颜色的依据为年龄分组；居中显示"销售金额"和"利润"，数量单位为"万"，标签文本设置为黑色、加粗。

③ 组件按销售额降序排序，不显示纵轴的标题。

（4）为仪表板添加第四个组件，用于呈现不同品牌的销售情况。

① 添加计算字段"利润率"。组件采用"自定义组件"展示，上方显示图例，不显示轴线、横向网格线和纵向网格线、自适应显示设置为"整体适应"。"成本"与"利润"以堆积柱形图形式显示，"利润率"以折线图形式显示。标题设置为"各品牌销售情况"。

② 颜色的依据为"指标名称"，以百分比形式居上显示"利润率"的最大最小值。设置"左值轴"的最大值为 600 000；设置"利润率"折线图使用"右值轴"，轴刻度的最小值为 0、最大值为 0.15、间隔值为 0.02；"成本"和"利润"字段的数量单位为"万"，"利润率"字段的数值格式为百分比显示，小数位数两位。不显示纵轴的标题。

③ 为"利润率"字段添加警戒线，警戒线名称为"平均利润率"，显示利润率的平均值。

（5）为仪表板添加第五个组件，用于呈现产品大类销售情况。

① 组件采用"饼图"展示，不显示图例。标题设置为"产品大类销售情况-可钻取"。创建"产品类别"钻取目录，钻取顺序为"产品大类-产品中类-产品小类"。

② 颜色的依据为"产品类别"；角度的依据为"销售金额"；居外显示"产品类别"和"销售金额"，数量单位为"万"。

> **提示：**
> 在维度区域中单击"产品大类"字段，选择"创建钻取目录"按钮，将创建的钻取目录命名为"产品类别"，依次单击"产品中类"和"产品小类"字段，选择"加入钻取目录-产品类别"。

（6）为仪表板添加第六个组件，用于呈现产品中类销售情况。

① 组件采用"矩形树图"展示，下方显示图例。标题设置为"产品中类销售情况"。

② 颜色的依据为"产品大类"，设置"女装"颜色为蓝色（#007bbb），"户外"颜色为黄色（#fba74f），"男装"颜色为红色（#dd4b4b）；大小的依据为"销售金额"；细粒度的依据为"产品大类"和"产品中类"；居外显示"产品中类"和"销售金额"，数量单位为"万"。

（7）为仪表板添加第七个组件，用于呈现产品小类销售情况。

① 组件采用"词云"展示，不显示图例。标题设置为"产品小类销售情况"。

② 颜色的依据为"产品小类"，为"词云"文本添加白色（#ffffff）边框；大小的依据为"销售金额"，字号设置为65；文本的依据为"产品小类"。

（8）为仪表板添加文本组件"某零售企业月度分析报告"，文本设置为蓝色（#007bbb）、字号为40、居中对齐。

（9）调整各组件的位置和大小，仪表板效果如图3-133所示。

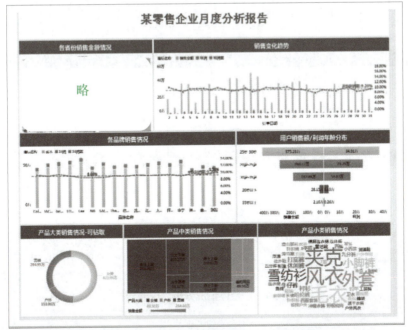

图3-133　"某零售企业月度分析"仪表板样张

4）保存导出

（1）以 png 格式导出"某零售企业月度分析"仪表板。

（2）运用数据迁移功能导出仪表板资源包。

4. "网约车平台数据分析"仪表板的创建

1）数据准备，导入数据

（1）添加一个名为"网约车平台数据分析"组，并在该组内添加名为"订单数据"和"用户数据"的业务包。

（2）为"订单数据"业务包添加 Excel 数据集，数据集命名为"用户订单数据明细"，数据源为"用户订单数据.xlsx"。为"用户数据"业务包添加 Excel 数据集，数据集命名为"综合标签用户数据"，数据源为"综合标签用户订单表.xlsx"。

2）新建仪表板，仪表板编辑

（1）新建一个名为"网约车平台数据分析"文件夹，在该文件夹下分别新建名为"整体情况分析"和"客户价值分析"的仪表板。

（2）设置"整体情况分析"（见图 3-134）和"客户价值分析"（见图 3-135）仪表板的样式为"预设样式 4"，在仪表板样式中将组件标题统一设置为背景深蓝色（#19448e）、宋体、字号为 18、白色、加粗、居中对齐。

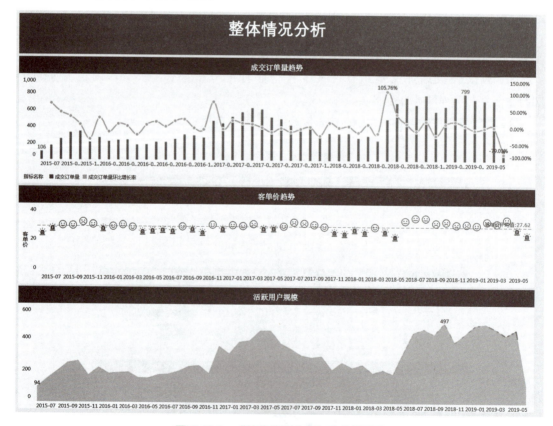

图 3-134 "整体情况分析"仪表板样张

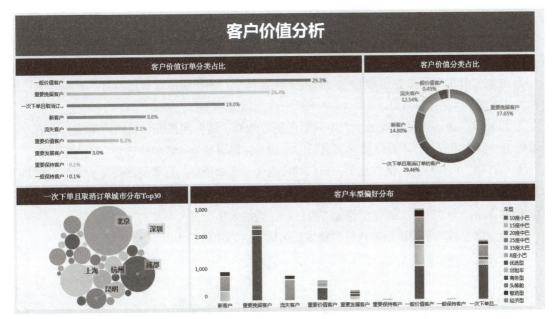

图 3-135 "客户价值分析"仪表板样张

3) 添加组件，组件属性编辑

（1）为"整体情况分析"仪表板添加第一个组件，用于呈现成交订单量的趋势。

① 将字段"trade_order_id"转化为指标，设置明细过滤，条件为"order_status=7"，命名为"成交订单量"，统计成交订单量情况。

② 组件采用"自定义组件"展示，"成交订单量"以柱形图形式展示，"成交订单量环比增长率"以折线图形式展示，折线图线型设置为曲线。设置下方显示图例，不显示轴线、横向网格线和纵向网格线，自适应显示设置为"整体适应"。标题设置为"成交订单量趋势"。

③ "日期"以"年月"格式显示，不显示横轴和纵轴的标题。颜色的依据为"指标名称"，"成交订单量"以蓝色（#007bbb）显示，"成交订单量环比增长率"以黄色（#fba74f）显示；居外显示"成交订单量"和"成交订单量环比增长率"的最大最小值。

④ 组件查看所有数据。

注意：
组件完成全部设置后必须勾选"查看所有数据"才能与样张显示一致。

提示：
在维度区域中单击"trade_order_id"字段，选择"转化为指标"按钮，单击移动到指标区域的"trade_order_id（去重计数）"字段，选择"明细过滤"，设置过滤条件为"order_status=7"，将"trade_order_id（去重计数）"字段拖入纵轴，重命名为"成交订单量"；将"trade_order_id（去重计数）"字段再次拖至纵轴，选择"快速计算（无）-同比/环比-环比增长率"，并重命名为"成交订单量环比增长率"。

（2）为"整体情况分析"仪表板添加第二个组件，用于呈现客单价趋势情况。

① 通过计算公式"SUM_AGG(price)/COUNTD_AGG(IF(order_status!=8,uid,null))"添加计算字段"客单价"。

② 复制"日期"字段，重命名为"日期（年月日）"，创建钻取目录"订单日期"，目录结构为"日期 - 日期（年月日）"。

③ 组件以"散点图"形式展示，不显示图例、轴线、横向网格线和纵向网格线，自适应显示设置为"整体适应"，不显示横轴和纵轴的标题。标题设置为"客单价趋势"。

④ "日期"以"年月"格式显示，形状的依据为"客单价"，形状类型设置为"红绿灯"，形状区间设置为"自定义"，区间个数设置为六个，区间值依次为"[21,23]，[23,25]，[25,27]，[27,29] [29,31]，[31,33]"。颜色设置为"黑色"，叠加效果设置为"高亮"。

⑤ 为"客单价"字段添加警戒线，警戒线名称为"客单价平均值"。

⑥ 组件查看所有数据。

> **注意：**
> 组件完成全部设置后必须勾选"查看所有数据"才能与样张显示一致。

> **提示：**
> 形状字段设置为"客单价"，在形状设置面板中对形状类型、形状区间、区间个数、各区间值进行设置。

（3）为"整体情况分析"仪表板添加第三个组件，用于呈现活跃用户规模情况。

① 将字段"uid"转化成指标，设置明细过滤，条件为"order_status=7"，命名为"活跃用户数"，统计活跃用户数量的情况。

② 组件采用"范围面积图"展示，不显示图例、轴线、横向网格线和纵向网格线，自适应显示设置为"整体适应"，不显示横轴和纵轴的标题。标题设置为"活跃用户规模"。

③ "日期"以"年月"格式显示；居上显示"活跃用户数"的最大最小值。

④ 为"活跃用户数"的整个指标添加闪烁动画。

⑤ 组件查看所有数据。

> **注意：**
> 组件完成全部设置后必须勾选"查看所有数据"才能与样张显示一致。

（4）为"客户价值分析"仪表板添加第一个组件，用于呈现客户价值订单分类占比情况。

① 将字段"trade_order_id"转化成指标，命名为"订单量"，统计订单数量情况。

② 组件采用"分区柱形图"展示，不显示图例、轴线、横向网格线和纵向网格线。不显示横轴和纵轴的标题和横轴的标签。标题设置为"客户价值订单分类占比"。

③ 颜色的依据为"综合标签"，设置过滤条件为"非空"。以百分比形式居外显示全部订单量占比情况，结果保留一位小数。

④ 组件按"订单量占比"降序排序。

（5）为"客户价值分析"仪表板添加第二个组件，用于呈现客户价值分类占比情况。

① 将字段"uid"转化为指标，命名为"用户数"，统计用户数量情况。

② 组件采用"饼图"展示，不显示图例、轴线、横向网格线和纵向网格线。标题设置为"客户价值分类占比"。

③ 颜色的依据为"综合标签"，设置过滤条件为"非空"，采用"明亮"配色方案；角度的依据为"用户数"；居外显示综合标签和百分比形式的用户数占比情况。

④ 组件按"用户数"降序排序。

（6）为"客户价值分析"仪表板添加第三个组件，用于呈现一次下单且取消订单城市分布情况。

① 将字段"trade_order_id"转化为指标，设置明细过滤，条件为"order_status=8"，命名为"取消订单数"，统计取消订单量情况。

② 组件采用"聚合气泡图"展示，不显示图例、轴线、横向网格线和纵向网格线。标题设置为"一次下单且取消订单城市分布Top30"。

③ 颜色的依据为"城市名称"，大小的依据为"取消订单数"，设置过滤条件为最大的三十个。

④ 为"取消订单数"前五的城市设置注释，注释内容为"城市名称"，注释格式为深蓝色（#19448e）、加粗、字号为16。

（7）为"客户价值分析"仪表板添加第四个组件，用于呈现客户车型偏好分布情况。

① 将字段"trade_order_id"转化成指标，命名为"订单量"，统计订单数量情况。

② 组件采用"堆积柱形图"展示，右侧显示图例、不显示轴线、横向网格线和纵向网格线，自适应显示设置为"整体适应"。标题设置为"客户车型偏好分布"。

图3-136 综合标签自定义排序

③ 横轴的依据为综合标签，设置过滤条件为"非空"，纵轴的依据为"订单量"，不显示横轴和纵轴的标题。

④ 颜色的依据为"车型"；组件按"综合标签"自定义排序，顺序如图3-137所示。

（8）为仪表板"整体情况分析"添加文本组件"整体情况分析"，文本设置为白色、字号为40、加粗、居中对齐，背景设置为蓝色（#007bbb）。为仪表板"客户价值分析"添加文本组件"客户价值分析"，文本设置为白色、文字字号40、加粗、居中对齐，背景设置为蓝色（#007bbb）。

（9）调整各组件的位置和大小，仪表板效果如图3-134和图3-135所示。

4）保存导出

（1）以png格式导出"整体情况分析"和"客户价值分析"仪表板。

（2）运用数据迁移功能导出仪表板资源包。

5. "二手房价格分析"仪表板的创建

1）背景介绍

不同情况二手房的价格各有不同，对于购房者而言，如何快速了解和评估房源情况，对二手房市场价格行情心中有数就迫在眉睫。购房者希望通过这些信息来有效的减少时间精力和选择成本，快速锁定真正适合自己的二手房，因为他们迫切希望了解下列情况：

（1）不同面积房源的占比情况，哪一类房源单价最高最抢手？

（2）不同户型的房价情况，哪种户型需求最高？

（3）什么朝向的房屋占比最大？价格情况如何？

（4）二手房房源中是高楼层房源多，还是中低楼层房源多？

（5）精装修、简装修、毛坯房之间的价格差异有多大？

2）仪表板设计内容

现有二手房信息的相关数据，数据源为"房源信息数据.xlsx"，请围绕这份数据源，设计仪表板对二手房价格相关信息进行综合分析。

第 4 章
数据可视化案例

实训一　图解党员发展

2021年是中国共产党成立一百周年。在这样一个重要时间节点,在全党集中开展党史学习教育,对于深入学习贯彻习近平新时代中国特色社会主义思想,从党的百年伟大奋斗历程中汲取继续前进的智慧和力量,激励全党全国各族人民满怀信心迈进全面建设社会主义现代化国家新征程,具有极其重要的现实意义和历史意义。

某公司制作了党建服务大屏,展示公司近30年来的党建工作成果。

实训目的

(1)掌握数据可视化应用软件的使用方法。
(2)掌握仪表板、可视化图表的绘制。
(3)具备运用数据可视化工具绘制图表对数据进行展示和描述的基本能力。
(4)具备一定的数据思维,能针对某一特定主题进行数据可视化设计和展示。

实训分析

本次关于党员发展的数据和图像均来自某公司党建数据库,记录了该公司自1992年建立基层党委以来的党员发展情况。

本案例将展示该公司近30年来的党建工作成果,并使用图像展示了中国共产党的百年大事记。

实训内容

1. 导入数据

创建业务包,命名为"党员数据业务包",在该业务包中导入数据文件"党员数据.xlsx"中的"党员人数"和"2021年党员情况"两个数据表。

操作步骤

打开 Fine BI，在"数据准备"功能菜单中，单击"添加业务包"。在业务包列表中选择新建的业务包，单击右侧按钮⋯，选择"重命名"，将该业务包命名为"党员数据业务包"。单击该业务包，进入业务包管理界面，单击"添加表"，选择"Excel 数据集"，在弹出的对话框中选择指定的数据文件，即"党员数据 .xlsx"，单击"打开"按钮。

在界面左侧勾选"党员人数"和"2021 年党员情况"两个数据表。其中，选择"党员人数"数据表，设置"时间"字段的类型为"日期"。在数据预览界面，确认显示的数据为用户所需导入的数据后，单击"确定"按钮，完成数据的导入。

2. 创建仪表板

打开 Fine BI，在"仪表板"功能菜单中，新建文件夹，命名为"图解党员发展"，在该文件夹中新建两个仪表板，分别命名为"党建概况"和"百年大事记"。

3. 制作"党建概况"仪表板

打开"党建概况"仪表板，制作内容如图 4-1 所示。

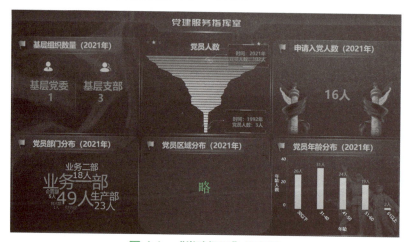

图 4-1　"党建概况"仪表板

【操作步骤】

01 设置仪表板样式。在"党建概况"仪表板中，设置仪表板样式为"预设样式 2"，仪表板背景为"bg.png"。

设置标题背景为"透明"，字号为 22、加粗、颜色为"#ffc17d"、居中对齐。

设置组件背景为"透明"。取消仪表板的默认联动。

02 添加图片。插入图片组件，用于显示"标题 .png"图像文件，设置图片尺寸为"等比适应"，放置在仪表板上方，设置宽度与仪表板同宽，适当调整高度以显示全部图像内容。

03 展示基层组织数量。插入组件，选择"党员人数"数据，在组件编辑界面中，将左侧数据窗格中指标区域的"基层党委"和"基层支部"拖到右侧组件预览窗格。在中间设置窗格中，设置图表类型为"kpi 指标卡"，设置文本的依据为"基层党委"和"基层支部"，字号为 30、加粗、颜色为"#ef8b07"、居中显示，显示内容为第一行显示文本"基层党委"、若干空格（例如：五个）和"基层支部"，第二行显示指标区域的"基层党委"、若干空格（例如：十三个）和"基层支部"的数值。

设置组件背景为"组件框 - 左上 .png"。

在组件预览窗格中设置组件标题为"基层组织数量（2021 年）"。单击右上方的"进入仪表板"按钮，退出组件编辑界面，在仪表板中适当调整该组件大小，放置在图片组件下方。

04 添加图片。插入图片组件，用于显示"图标 1.png"图像文件，设置图片尺寸为"等比适应"，适当调整组件大小，悬浮放置在"基层组织数量（2021 年）"组件上方，如图 4-1 所示。

插入图片组件，用于显示"图标 2.png"图像文件，设置图片尺寸为"等比适应"，适当调整组件大小，悬浮放置在"基层组织数量（2021 年）"组件上方，如图 4-1 所示。

05 展示党员人数。插入组件，选择"党员人数"数据，在组件编辑界面中，将左侧数据窗格中维度区域中的"时间"和指标区域的"党员人数"拖至右侧组件预览窗格。在中间设置窗格中，设置图表类型为"漏斗图"，按时间降序排列，设置颜色和大小的依据均为"党员人数"，设置颜色的渐变方案为"秋落"。

设置不显示图例，组件背景为"组件框 - 中上 .png"，自适应显示为"整体适应"。

在组件预览窗格中设置组件标题为"党员人数"。单击右上方的"进入仪表板"按钮，退出组件编辑界面，在仪表板中适当调整该组件大小，放置在"基层组织数量（2021 年）"组件右侧。

06 展示 1992 年的党员人数。插入组件，选择"党员人数"数据，在组件编辑界面中，将左侧数据窗格中维度区域中的"时间"和指标区域的"党员人数"拖至右侧组件预览窗格。在中间设置窗格中，设置图表类型为"kpi 指标卡"，设置文本的依据为"时间"（提取年份）和"党员人数"，字号为 14、加粗、颜色为橙色（#ef8b07）、右对齐显示，显示内容为第一行显示文本"时间："、维度区域的"时间"的数值和文本"年"，第二行显示文本"人数："、指标区域的"党员人数"的数值和文本"人"。

将左侧数据窗格中维度区域中的"时间"拖至中间设置窗格的结果过滤器中，仅保留 1992 年的数据，设置如图 4-2 所示。

设置组件背景为"提示框 .png"。

在组件预览窗格中设置组件标题为"1992 年党员人数"。单击右上方的"进入仪表板"按钮，退出组件编辑界面，在仪表板中适当调整该组件大小，不显示标题，悬浮放置在"党员人数"组件上方，如图 4-2 所示。

图 4-2　设置过滤条件

07 展示 2021 年的党员人数。复制"1992 年党员人数"组件，在组件编辑界面中，修改结果过滤器中的时间过滤条件，仅保留 2021 年的数据。

在组件预览窗格中设置组件标题为"2021 年党员人数"。单击右上方的"进入仪表板"按钮，退出组件编辑界面，在仪表板中适当调整该组件大小，不显示标题，悬浮放置在"党员人数"组件上方，如图 4-1 所示。

08 展示 2021 年的申请入党人数。插入组件，选择"2021 年党员情况"数据，在组件编辑界面中，将左侧数据窗格中指标区域的"申请入党"拖至右侧组件预览窗格。在中间设置窗格中，设置图表类型为"kpi 指标卡"，设置文本的依据为"申请入党"，字号为 30、加粗、颜色为"#ef8b07"、居中显示，显示内容为第一行显示指标区域的"申请入党"的数值和文本"人"。为"申请入党"添加闪烁动画，闪烁的时间间隔为 5 s，设置如图 4-3 所示。

设置组件背景为"组件框 .png"。

在组件预览窗格中设置组件标题为"申请入党人数（2021 年）"。单击右上方的"进入仪表板"按钮，退出组件编辑界面，在仪表板中适当调整该组件大小，放置在"党员人数"组件右侧。

图 4-3 闪烁动画设置

09 添加图片。插入图片组件，用于显示"配图 1.png"图像文件，设置图片尺寸为"等比适应"，适当调整组件大小，悬浮放置在"申请入党人数（2021 年）"组件上方，如图 4-1 所示。

插入图片组件，用于显示"配图 2.png"图像文件，设置图片尺寸为"等比适应"，适当调整组件大小，悬浮放置在"申请入党人数（2021 年）"组件上方，如图 4-1 所示。

10 展示 2021 年的党员部门分布。插入组件，选择"2021 年党员情况"数据，在组件编辑界面中，将左侧数据窗格中维度区域中的"部门"和指标区域的"部门人数"拖至右侧组件预览窗格。在中间设置窗格中，设置图表类型为"词云"。

设置颜色的依据为"部门"，颜色的配色方案为"温暖"。设置文本的依据为"部门"和"部门人数"，显示内容为第一行显示维度区域的"部门"，第二行显示指标区域的"部门人数"的数值和文本"人"。

设置不显示图例，组件背景为"组件框 .png"。

在组件预览窗格中设置组件标题为"党员部门分布（2021 年）"。单击右上方的"进入仪表板"按钮，退出组件编辑界面，在仪表板中适当调整该组件大小，放置在"基层组织数量（2021 年）"组件的下方。

11 展示 2021 年的党员区域分布。插入组件，选择"2021 年党员情况"数据，在组件编辑界面中，单击左侧数据窗格中维度区域"分部"右侧的下三角按钮，在展开的菜单中单击"地理角色（无）/ 城市"选项，如图 4-4 所示。系统会弹出地理角色匹配界面，如图 4-5 所示，由于"上海"是直辖市，属于"省 / 市 / 自治区"级别，故在"城市"级别中未能匹配到合适的区域，需人工指定匹配项，单击"上海"右侧的下三角按钮，在展开的菜单中选择任意一个上海的区均可，例如：浦东新区、杨浦区等。

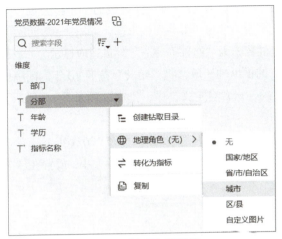

图 4-4　地理角色转换

图 4-5　地理角色匹配

　　将左侧数据窗格中维度区域中的"分部（经度）""分部（纬度）"和指标区域的"分部人数"拖至右侧组件预览窗格。在中间设置窗格中，设置图表类型为"点地图"。

　　设置大小的依据未"分部人数"，标签的依据为"分部人数"，显示内容为指标区域的"分部人数"的数值和文本"人"，字号为 14、加粗、颜色为"ef8b07"，标签位置局外。

　　修改图表类型为"自定义图表"，设置图形显示为"矩形块"。

　　设置不显示图例，组件背景为"组件框 .png"，GIS 背景为自定义中的"深蓝"。

　　在组件预览窗格中设置组件标题为"党员区域分布（2021 年）"。单击右上方的"进入仪表板"按钮，退出组件编辑界面，在仪表板中适当调整该组件大小，放置在"党员部门分布（2021 年）"组件的右侧。适当调整地图的显示比例，以便显示所有数据值。

12 展示2021年的党员年龄分布。插入组件,选择"2021年党员情况"数据,在组件编辑界面中,将左侧数据窗格中维度区域中的"年龄"和指标区域的"年龄人数"拖至右侧组件预览窗格。在中间设置窗格中,设置图表类型为"多系列柱形图"。

设置不显示图例,组件背景为"组件框.png",自适应显示为"整体适应"。

在组件预览窗格上方的横纵轴区域,将"年龄"按照10年的间隔进行自定义分组,分组设置如图4-6所示。将"年龄"设置自定义排序,排序设置如图4-7所示。设置分类轴(年龄)的文本方向为45°。

在组件预览窗格中设置组件标题为"党员年龄分布(2021年)"。单击右上方的"进入仪表板"按钮,退出组件编辑界面,在仪表板中适当调整该组件大小,放置在"党员区域分布(2021年)"组件的右侧。

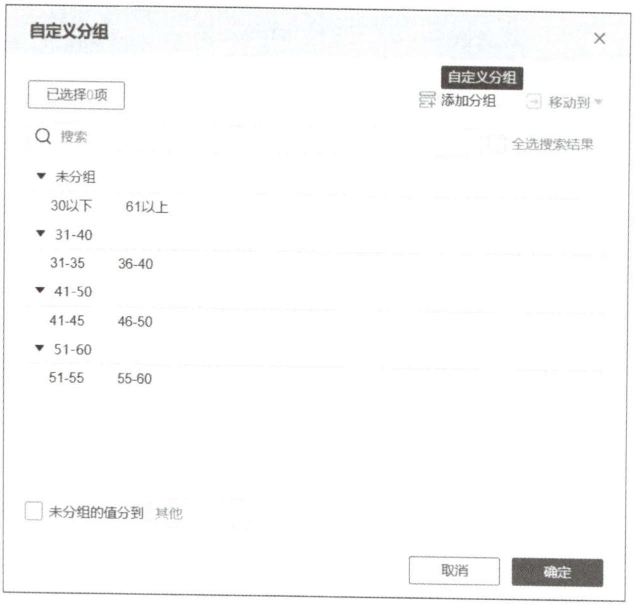

图 4-6　自定义分组设置

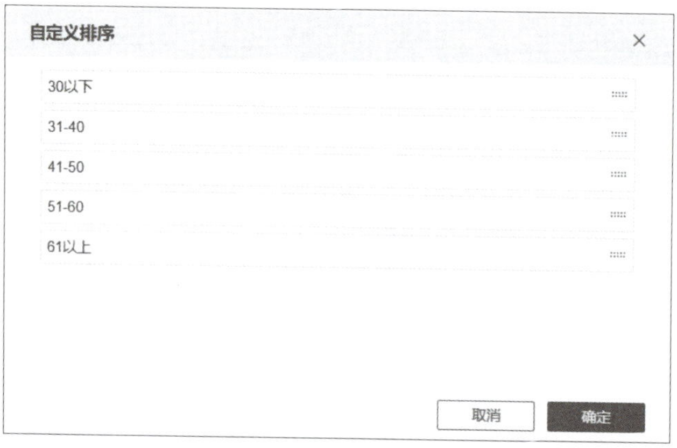

图 4-7　自定义排序设置

4. 制作"百年大事记"仪表板

打开"百年大事记"仪表板，制作内容如图4-8所示。

图4-8 "百年大事记"仪表板

操作步骤

01 设置仪表板样式。

在"百年大事记"仪表板中，设置仪表板样式为"预设样式2"，仪表板背景为"bg.png"。

设置标题背景为"透明"，字号为22、加粗、颜色为"#ffc17d"、居中对齐。

设置组件背景为"透明"。

02 展示百年大事记。

插入Tab组件，设置组件标题为"中国共产党百年大事记"，组件背景为透明。组件样式为"风格2"，居中对齐、字号为16、加粗、默认态（字体颜色）为"#ef8b07"、选中态（字体颜色）为"#ffc17d"，如图4-9所示。

插入图片组件，用于显示"1921中国共产党成立.png"图像文件，设置图片尺寸为"等比适应"，放置在Tab组件的第一个选项卡中，设置该选项卡的标题为"1921年"，设置Tab组件的宽度与仪表板同宽，适当调整高度以显示全部图像内容。

单击Tab组件中按钮 +，添加选项卡，参照上述操作制作其余大事记的选项卡。

图4-9 Tab组件样式设置

03 仪表板跳转。

打开"党建概况"仪表板,设置"申请入党人数(2021年)"组件的跳转设置,跳转到"百年大事记"仪表板,打开位置为"对话框",如图4-10所示。

图 4-10　跳转设置

5. 导出仪表板

操作步骤

01 导出图像文件。

单击仪表板上方的"导出"按钮,选择"导出 png",导出图像文件,两个仪表板分明命名为"党建概况 .png"和"百年大事记 .png"。

02 导出资源包。

在 Fine BI 主界面中,进入"管理系统"功能菜单中的"目录管理",添加目录,命名为"图解党员发展",在该目录中添加两个 BI 模板,分别为"党建概况"和"百年大事记"。

进入"管理系统"功能菜单中的"智能运维"中的"资源迁移",勾选"图解党员发展"目录以及"同时导出原始 Excel 附件"选项,单击"选择依赖资源"按钮,选择所需的数据源("党员人数"和"2021年党员情况"),单击"导出"按钮,导出文件命名为"图解党员发展 .zip"。

拓展训练

1. 展示 2021 年的党员学历分布情况

使用"2021年党员情况"数据,在新建仪表板中展示2021年的党员学历分布情况。要求显示各个学历层次的党员人数占总党员的百分比情况。

2. 展示每年的党员新增情况

使用"党员人数"数据,在新建仪表板中展示从1992年起,每年增加的党员人数。要求仅显示增加人数最多的10个年份。

实训二　考试数据可视化

考试是各个学校教学过程中必不可少的一个环节，它可以促进教师进行高质量的教学，也可以促进学生进行高效率的学习。考试情况在一定程度上可以反映出在一段时间内的教学效果，从而为教师、学生和家长等提供有效的反馈，而对考试数据进行可视化展示可以使该反馈更加清晰明了。

实训目的

（1）掌握数据可视化应用软件的使用方法。
（2）掌握仪表板、可视化图表的绘制。
（3）具备运用数据可视化工具绘制图表，对数据进行展示和描述的基本能力。
（4）具备一定的数据思维，能针对某一特定主题进行数据可视化设计和展示。

实训分析

根据某市大学生 2017 年统考成绩（已脱敏）进行数据可视化展示。该年参加统考的学生有六万余人，统考科目共三个，分别为数学、英语和计算机，满分为 100 分，其中：数学 20 分，英语 40 分，计算机 40 分。所有数据均保存在 Excel 中。

实训内容

1. 导入数据

创建业务包，命名为"考试数据业务包"，在该业务包中导入数据文件"考试数据.xlsx"。

操作步骤

打开 Fine BI，在"数据准备"功能菜单中，单击"添加业务包"选项。在业务包列表中选择新建的业务包，单击右侧按钮，选择"重命名"命令，将该业务包命名为"考试数据业务包"。单击该业务包，进入业务包管理界面，单击"添加表"，选择"Excel 数据集"，在弹出的对话框中选择指定的数据文件，即"考试数据.xlsx"，单击"打开"按钮。在数据预览界面，确认显示的数据为用户所需导入的数据后，单击"确定"按钮，完成数据的导入。

> **注意：**
> 在数据预览界面，设置"学生 ID"的数据类型为文本型。Fine BI 在导入数据的时候会对源数据进行解析，自动判断导入数据的数据类型，一般会将源数据分为文本、数值和日期类型，不同的数据类型在后续的可视化展示中所能对应的功能也会有所不同。在本案例中，由于"学生 ID"的数据由数字组成，在数据导入时，Fine BI 会自动判断为数值型数据，故需要人为修改为文本型。

2. 创建仪表板

打开 Fine BI，在"仪表板"功能菜单中，新建文件夹，命名为"考试数据可视化"，在该文件夹中新建三个仪表板，分别命名为"成绩数据概况""考试数据可视化首页""考生数据概况"，如图 4-11 所示。

3. 制作"考试数据可视化首页"仪表板

打开"考试数据可视化首页"仪表板，制作内容如图 4-12 所示。

图 4-11　创建仪表板

图 4-12　"考试数据可视化首页"仪表板

操作步骤

01 设置仪表板样式。在"考试数据可视化首页"仪表板中，单击上方的功能菜单中的"仪表板样式"，在弹出的菜单中设置仪表板的背景颜色为白色（#ffffff），单击"确定"按钮。

02 添加文本。插入文本组件，输入相应文本（可在"文字材料 .txt"中复制），设置第一行文本格式为字号 28、加粗、居中显示。其余文本格式为字号 20、左对齐，段首输入若干空格以达到缩进效果。

03 添加图片。插入图片组件，用于显示"图片 .jpg"文件，设置"图片尺寸"为等比适应。适当调整组件大小，放置在文本组件下方居中位置。

04 添加文本。插入文本组件，输入相应文本（可在"文字材料 .txt"中复制），设置第一行文本格式为字号 20、加粗、居中显示，超链接设置如图 4-13 所示，链接地址为"考生数据概况"仪表板的网址（打开该仪表板，在地址栏中复制网址），其余文本格式字号为 16、左对齐，段首输入若干空格以达到缩进效果。放置在图片组件下方左侧位置。

图 4-13　超链接

05 添加文本。插入文本组件，输入相应文本（可在"文字材料.txt"中复制），设置第一行文本格式字号为 20、加粗、居中显示，链接地址为"成绩数据概况"仪表板的网址，其余文本格式为字号为 16、左对齐，段首输入若干空格以达到缩进效果。放置在图片组件下方右侧位置。

4. 制作"考生数据概况"仪表板

打开"考生数据概况"仪表板，使用"考试数据"制作内容如图 4-14 所示。

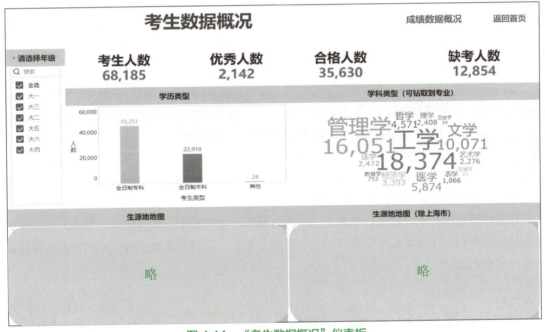

图 4-14　"考生数据概况"仪表板

该仪表板展示参加本次统考的考生人数、优秀人数、合格人数和缺考人数，并根据考生的学历类型、学科类型和生源地分别进行统计展示，同时，提供年级筛选功能，通过鼠标勾选左侧的年级（可复选），展示各个年级的考生情况。

根据仪表板展示，参加本次统考的考生人数为 68 185 人，其中，成绩优秀的人数为 2 142 人，成绩合格的人数为 35 630 人，缺考的人数为 12 854 人。

参加考试的考生主要是全日制本专科的考生，其中，专科的考生人数约是本科的 2 倍。

参加考试的考生来自 13 个学科的考生，其中，考生人数最多的是工学的考生（18 374 人），其次是管理学的考生（16 051 人），人数最少的是军事学的考生（22 人）。单击学科名称可显示该学科中各个专业的考生人数。

利用地图可展示本次参加统考考生的生源地情况，区域颜色越红代表考生人数越多，反之则考生人数越少。根据可视化图表可发现，考生大多数来自上海市，达到 24 358 人，约占总考生人数的 1/3，相比较之下，在地图上除了上海市的区域颜色较红外，其他省份的数据变化较小，以至于显示的区域颜色几乎一致，较难进行差异比较。为了比较各个省份的考生人数情况，我们考虑将最为突出的上海市排除，从而使各个省份的情况以不同的颜色在地图上体现出来，根据可视化图表可发现，除上海市之外，考生人数较多的省份为安徽省、浙江省和江苏省（排名前三）。

操作步骤

01 设置仪表板样式。在"考生数据概况"仪表板中，设置仪表板的背景颜色为白色（#ffffff）、组件无间隙，标题背景颜色为蓝绿色（#bbe2e7）、字号为 16、加粗、居中对齐。

02 添加文本。插入文本组件，输入文本"考生数据概况"，设置文本格式为字号 38、加粗、居中显示。

03 添加文本。插入文本组件，输入相应文本（"成绩数据概况"、若干空格和"返回首页"），设置文本格式为字号 18、加粗、居中显示。设置"成绩数据概况"文本的超链接地址为"成绩数据概况"仪表板的网址，设置"返回首页"文本的超链接地址为"考试数据可视化首页"仪表板的网址，放置在"考生数据概况"文本组件右侧。

04 添加年级筛选。插入文本列表过滤组件，设置关联字段为"年级"，设置为"多选"和"必填项"，标题为"请选择年级"，默认勾选"全选"，放置在"考生数据概况"文本组件下方左侧。

05 展示考生人数。插入组件，选择"考试数据"，在组件编辑界面中，将左侧数据窗格中指标区域的"记录数"拖到右侧组件预览窗格。在中间设置窗格中，设置图表类型为"kpi 指标卡"，设置文本属性为字号 28、加粗、居中显示，显示内容为第一行显示文本"考生人数"，第二行用红色显示指标区域的"记录数"的数值。

在组件预览窗格中设置组件标题为"考生人数"。单击右上方的"进入仪表板"按钮，退出组件编辑界面，在仪表板中设置该组件的标题不显示，适当调整该组件大小，放置在年级筛选组件的右侧。

> **注意：**
> 由于本案例数据量比较大，Fine BI 在呈现可视化图表时，会使用数据集中前若干条记录绘制图表，如需查看所有数据的可视化图表，可使用仪表板的预览功能，或者在组件编辑界面的下方勾选"查看所有数据"选项。

06 展示优秀人数。复制"考生人数"组件，选择复制后的组件，进入组件编辑界面，将左侧数据窗格中维度区域的"总分等级"拖到中间设置窗格中的结果过滤器中，设置过滤条件为"总分等级 = 优秀"，如图 4-15 所示。在文本属性中，修改显示内容的第一行文本为"优秀人数"。

在组件预览窗格中设置组件标题为"优秀人数"（需先设置显示标题，修改后再设置不显示标题）。单击右上方的"进入仪表板"按钮，退出组件编辑界面，适当调整该组件大小，放置在"考生人数"组件的右侧。

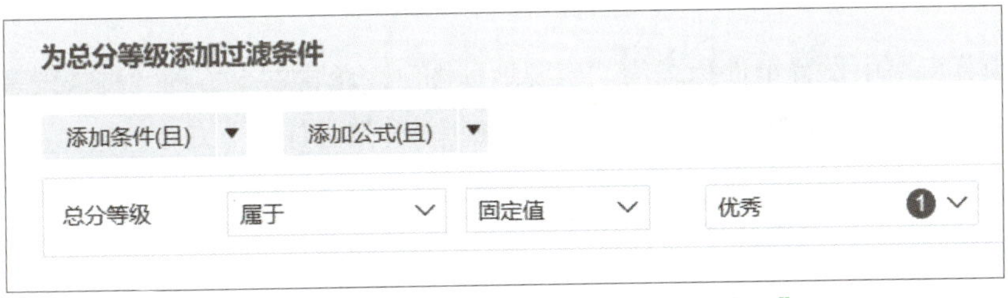

图 4-15　设置过滤条件为"总分等级 = 优秀"

07 展示合格人数和缺考人数。参考上述"优秀人数"组件的做法，分别插入组件展示"合格人数"和"缺考人数"，放置在"优秀人数"组件的右侧。其中，"合格人数"组件中设置过滤条件为"总分等级 = 优秀，合格"，"缺考人数"组件中设置过滤条件为"总分等级 = 缺考"。

08 展示学历类型。插入组件，选择"考试数据"，在组件编辑界面中，将左侧数据窗格中维度区域的"考生类型"和指标区域的"记录数"拖到右侧组件预览窗格。在中间设置窗格中，设置图表类型为"多系列柱形图"，设置图形属性中的颜色依据为"考生类型"，标签的依据为"记录数"。设置组件样式中的图例为不显示。

在组件预览窗格上方，设置纵轴标题为"人数"，在组件预览窗格中设置组件标题为"学历类型"。单击右上方的"进入仪表板"按钮，退出组件编辑界面，在仪表板中设置该组件的标题不显示，适当调整该组件大小，放置在"考生人数"组件的下方。

09 展示学科类型。插入组件，选择"考试数据"，在组件编辑界面中，创建一个钻取目录（左侧数据窗格的维度区域），命名为"考生类型"，包含"学科"和"专业"，如图 4-16 所示。

将左侧数据窗格中维度区域的"学科类型"和指标区域的"记录数"拖到右侧组件预览窗格。在中间设置窗格中，设置图表类型为"词云"，设置图形属性中的颜色依据为"学科类型"，大小的依据为"记录数"，文本的依据为"学科类型"和"记录数"。设置组件样式中的图例为不显示，自适应显示为整体适应。

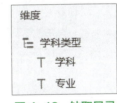

图 4-16　钻取目录

在组件预览窗格中设置组件标题为"学科类型（可钻取到专业）"。单击右上方的"进入仪表板"按钮，退出组件编辑界面，在仪表板中设置该组件的标题不显示，适当调整该组件大小，放置在"学历类型"组件的右侧。

10 展示生源地地图。插入组件，选择"考试数据"，在组件编辑界面中，选择左侧数据窗格中维度区域的"省份"，单击右侧下拉菜单中的"地理角色（省 / 市 / 自治区）"中的"省 / 市 / 自治区"，将生成的"省份（经度）"和"省份（维度）"拖到右侧组件预览窗格。在中间设置窗格中，设置图表类型为"区域地图"，设置图形属性中的颜色依据为"记录数"，标签的依据为"省份"，设置组件样式中的图例为不显示。

单击颜色依据中的"记录数"右侧下拉菜单中的"特殊显示"下的"注释"，在弹出的"注释 - 记录数（总行数）"对话框中，设置显示记录数最多的省份的注释信息，注释信息内容的第一行为文本"考生人数最多的省份：",第二行为维度区域中的"省份"的值，第三行为指标区域中的"记录数"的数值和文本"人",所有信息内容的字号均为12、加粗、红色显示,如图4-17所示。

在组件预览窗格中设置组件标题为"生源地地图"。单击右上方的"进入仪表板"按钮,退出组件编辑界面,适当调整该组件大小,放置在年级筛选组件的下方。

图 4-17　注释显示

11 展示生源地地图(除上海市)。

复制"生源地地图"组件,选择复制后的组件,进入组件编辑界面,将左侧数据窗格中维度区域的"省份"拖至中间设置窗格中的结果过滤器中,过滤湖北省的数据,设置如图4-18所示。

在组件预览窗格中设置组件标题为"生源地地图(除上海市)"。单击右上方的"进入仪表板"按钮,退出组件编辑界面,适当调整该组件大小,放置在"生源地地图"组件的右侧。

图 4-18　设置过滤条件为"省份不包含上海市"

12 设置各组件之间的联动关系。在仪表板界面中,单击上方的"更多",在下拉菜单列表中,取消勾选"开启默认联动"。选择年级过滤组件,设置其自定义控制范围为:除文本组件外的所有组件,如图4-19所示。

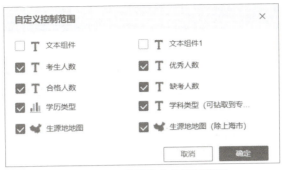

图 4-19　组件的自定义控制范围

5. 制作"成绩数据概况"仪表板

打开"成绩数据概况"仪表板，使用"考试数据"制作内容如图 4-20 所示。

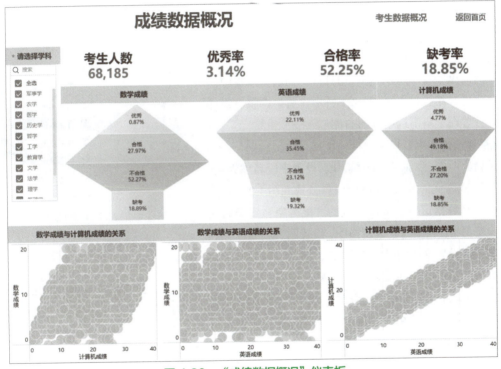

图 4-20　"成绩数据概况"仪表板

该仪表板展示参考本次统考的考生人数、优秀率、合格率和缺考率，各考试科目的分数等级百分比以及各考试科目之间的关联关系，同时，提供学科筛选功能，通过鼠标勾选左侧的学科（可复选），展示各个学科的成绩情况。

根据仪表板展示，参加本次统考的考生人数为 68 185 人，其中，优秀率为 3.14%，合格率为 52.25%，缺考率为 18.85%。

本次统考的科目有三个（数学、英语和计算机），其中，英语的考试成绩较好，计算机次之，数学较差，且三个考试科目中，计算机成绩和英语成绩有较强的正相关关联。

操作步骤

01 设置仪表板样式。在"成绩数据概况"仪表板中,设置仪表板的背景颜色为白色(#ffffff),组件无间隙,标题背景颜色为蓝绿色(#bbe2e7)、字号为16、加粗、居中对齐。

02 添加文本。插入文本组件,输入文本"成绩数据概况",设置文本格式为字号38、加粗、居中显示。

03 添加文本。插入文本组件,输入相应文本("考生数据概况"、若干空格和"返回首页"),设置文本格式为字号18、加粗、居中显示。设置"考生数据概况"文本的超链接地址为"考生数据概况"仪表板的网址,设置"返回首页"文本的超链接地址为"考试数据可视化首页"仪表板的网址,放置在"成绩数据概况"文本组件右侧。

04 添加学科筛选。插入文本列表过滤组件,设置关联字段为"年级",设置为"多选"和"必填项",标题为"请选择学科",默认勾选"全选",放置在"成绩数据概况"文本组件下方左侧。

05 展示考生人数。单击仪表板左侧的"复用"按钮,在弹出的菜单中将"考生人数"组件拖到当前仪表板中,复用该组件,组件位置如图4-21所示。适当调整该组件大小,放置在学科筛选组件的右侧。

06 展示优秀率。插入组件,选择"考试数据",在组件编辑界面中,添加一个计算字段,设置字段名称为"优秀率",公式为优秀人数除以总人数,公式如图4-22所示。

将左侧数据窗格中指标区域的"优秀率"拖至右侧组件预览窗格。在中间设置窗格中,设置图表类型为"kpi指标卡",设置文本属性为字号28、加粗、居中显示,显示内容为第一行显示文本"优秀率",第二行用红色显示指标区域的"优秀率"的数值。单击文本依据中"优秀率"右侧的下拉菜单,设置数值格式为百分比,保留2位小数。

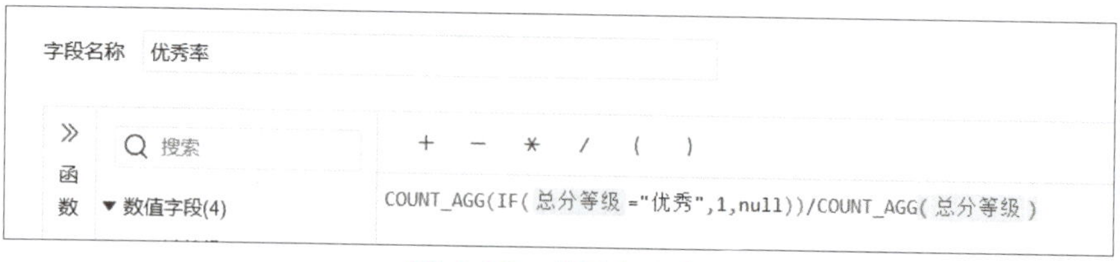

图4-21 "考生人数"组件位置

图4-22 优秀率公式

在组件预览窗格中设置组件标题为"优秀率"。单击右上方的"进入仪表板"按钮,退出组件编辑界面,在仪表板中设置该组件的标题不显示,适当调整该组件大小,放置在"考生人数"组件的右侧。

07 展示合格率和缺考率。参考上述"优秀率"组件的做法，分别插入组件展示"合格率"和"缺考率"，放置在"优秀率"组件的右侧。其中，合格率公式如图 4-23 所示，缺考率公式如图 4-24 所示。

图 4-23　计算合格率

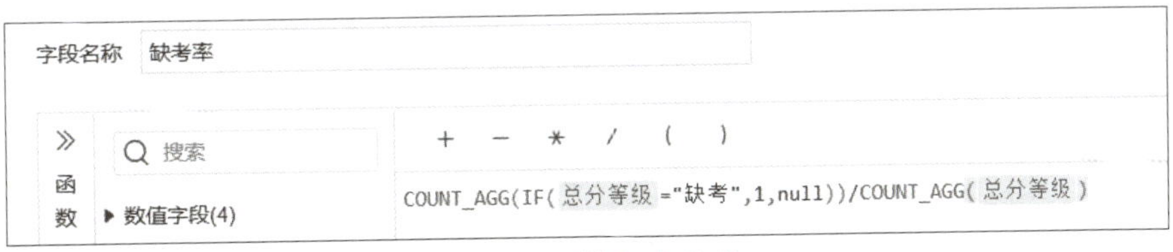

图 4-24　缺考率公式

08 展示数学成绩。插入组件，选择"考试数据"，在组件编辑界面中，将左侧数据窗格中维度区域的"数学等级"和指标区域的"记录数"拖至右侧组件预览窗格。在中间设置窗格中，设置图表类型为"漏斗图"，设置图形属性中的颜色依据为"记录数"，标签依据为"数学等级"和"记录数"，单击标签依据中"数学等级"右侧的下拉菜单，设置按照"优秀，合格，不合格，缺考"的顺序进行自定义排序，如图 4-25 所示，单击标签依据中"记录数"右侧的下拉菜单，设置该"记录数"做快速计算（占比），如图 4-26 所示。设置组件样式中的图例为不显示。

图 4-25　自定义排序

图 4-26　占比计算

在组件预览窗格中设置组件标题为"数学成绩"。单击右上方的"进入仪表板"按钮,退出组件编辑界面,适当调整该组件大小,放置在"考生人数"组件的下方。

09 展示英语成绩和计算机成绩。参考上述"数学成绩"组件的做法,分别插入组件展示"英语成绩"和"计算机成绩",放置在"数学成绩"组件的右侧。

10 展示数学成绩与计算机成绩的关系。插入组件,选择"考试数据",在组件编辑界面中,将左侧数据窗格中指标区域的"数学"和"计算机"拖至右侧组件预览窗格。在中间设置窗格中,设置图表类型为"散点图",设置图形属性中的细粒度依据为"学生 ID",设置组件样式中的图例为不显示。

在组件预览窗格上方,设置横轴的依据为"计算机",单击右侧的下拉菜单,设置值轴(下值轴),设置该轴刻度最小值为 0,最大值为本次统考该科目的满分,即 40,轴标题为"计算机成绩",如图 4-27 所示。设置纵轴的依据为"数学",设置该轴刻度最小值为 0,最大值为 20,轴标题为"数学成绩"。

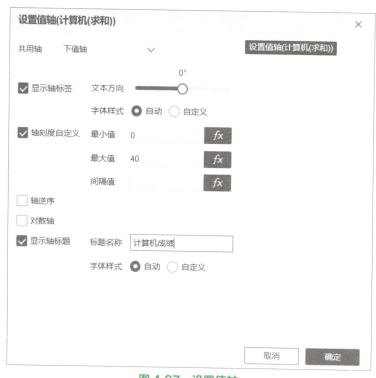

图 4-27　设置值轴

在组件预览窗格中设置组件标题为"数学成绩与计算机成绩的关系"。单击右上方的"进入仪表板"按钮,退出组件编辑界面,适当调整该组件大小,放置在"数学成绩"组件的下方。

11 展示数学成绩与英语成绩、计算机成绩与英语成绩的关系。参考上述"数学成绩与计算机成绩的关系"组件的做法,分别插入组件展示"数学成绩与英语成绩的关系"和"计算机成绩与英语成绩的关系",放置在"数学成绩与计算机成绩的关系"组件的右侧。

12 设置各组件之间的联动关系。在仪表板界面中,单击上方的"更多",在下拉菜单列表中,取消勾选"开启默认联动"。选择学科过滤组件,设置其自定义控制范围为:除文本和散点图组件外的所有组件，如图 4-28 所示。

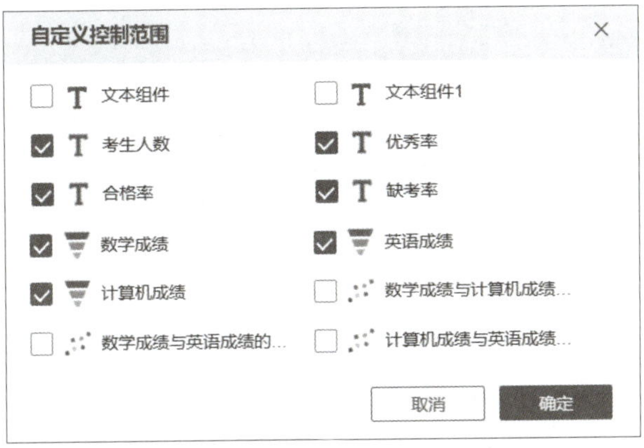

图 4-28　组件的自定义控制范围

6. 导出仪表板

01 导出图像文件。单击仪表板上方的"导出"按钮，选择"导出 png"，导出图像文件，三个仪表板分明命名为"考试数据可视化首页 .png""考生数据概况 .png""成绩数据概况 .png"。

02 导出资源包。在 FineBI 主界面中，进入"管理系统"功能菜单中的"目录管理"，添加目录，命名为"考试数据可视化"，在该目录中添加三个 BI 模板，分别为"考试数据可视化首页""考生数据概况""成绩数据概况"。

进入"管理系统"功能菜单中的"智能运维"中的"资源迁移"，勾选"考试数据可视化"目录以及"同时导出原始 Excel 附件"选项，单击"选择依赖资源"按钮，选择所需的数据源（"考试数据"），单击"导出"按钮，导出文件命名为"考试数据可视化 .zip"。

拓展训练

1. 展示缺考率大于 3% 的省份情况

使用"考试数据"，在新建仪表板中展示缺考率大于 3% 的省份情况。要求显示省份名称和缺考率排名（降序排名）情况。

2. 展示各学科考生的缺考率情况

使用"考试数据"，在新建仪表板中展示各学科考生的缺考率情况。要求显示缺考最少的五个学科，通过学科可以钻取到专业，显示当前学科中缺考率最少的五个专业。